Klick! inklusiv

5|6

Mathematik | Arbeitsheft

Geometrische Grundbegriffe

Erarbeitet von
Elisabeth Jenert
Petra Kühne

Mathematik|Arbeitsheft 5|6

Geometrische Grundbegriffe

Teile dieses Arbeitsheftes basieren auf Inhalten der Lehrwerksreihe Klick! Mathematik. Diese wurden herausgegeben von Prof. Dr. Franz B. Wember und Meike Busch sowie erarbeitet von Christel Gerling, Elisabeth Jenert, Doris Keuck, Petra Kühne

Redaktion: Inga Knoff, Karen Reitz-Koncebovski
Illustration: Timo Grubing, Münster
Technische Zeichnungen: Christian Böhning, Berlin; lernsatz.de
Umschlaggestaltung: Klein & Halm Grafikdesign, Berlin
Layout: lernsatz.de
Technische Umsetzung: PER MEDIEN & MARKETING GmbH, Braunschweig

Bildnachweis:
Doris Keuck, Geldern: S. 14 (Baustelle), S. 22/1, S. 22/2; Shutterstock/Carsten Medom Madsen: S. 34/1; Shutterstock/Boerescu: S. 34/2; Fotolia/als: S. 34/3

Dieses Arbeitsheft ist Bestandteil des Schubers *Klick! inklusiv 5/6* (978-3-06-002132-1).
Hierzu gehören auch die folgenden Arbeitshefte:
Daten und natürliche Zahlen (978-3-06-002114-7)
Größen (978-3-06-002115-4)
Brüche und Dezimalzahlen (978-3-06-002116-1)
Flächen und Körper (978-3-06-002118-5)
Sachaufgaben (978-3-06-002119-2)

Lösungen und Selbsteinschätzungsbögen zum Arbeitsheft sind als kostenloser Download unter **www.cornelsen.de/klick-inklusiv** erhältlich.

www.cornelsen.de

1. Auflage, 6. Druck 2024

Alle Drucke dieser Auflage sind inhaltlich unverändert
und können im Unterricht nebeneinander verwendet werden.

© 2017 Cornelsen Verlag GmbH, Berlin

Druck: Drukarnia Dimograf Sp. z o.o., Bielsko-Biała

ISBN 978-3-06-002117-8

PEFC-zertifiziert
Dieses Produkt
stammt aus
nachhaltig
bewirtschafteten
Wäldern und
kontrollierten Quellen
PEFC
PEFC/32-31-076   www.pefc.pl

Inhaltsverzeichnis

1 In vielen Bereichen unseres Lebens hilft ein Plan zur Orientierung. Auf Landkarten kann die Lage von Orten mithilfe von Planquadraten beschrieben werden.

In welchen Planquadraten liegen:

Berlin: _____

Frankfurt/Main: _____

Bremen: _____

München: _____

2 Im Theater

Wer sitzt wo? Markiere die Sitzplätze in den Farben der Eintrittskarten.

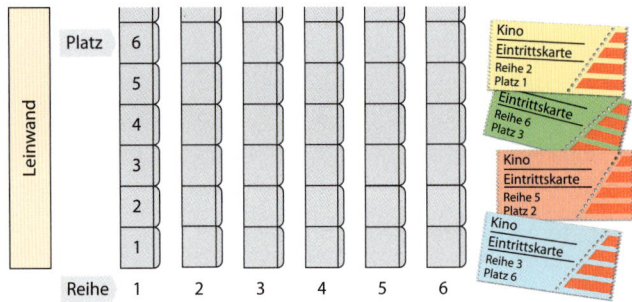

	Reihe	Platz
blaue Karte		
rote Karte		
gelbe Karte		
grüne Karte		

3 Im Möbelhaus

In einem großen Möbelhaus sind die Regale in Fächer eingeteilt.

Wo findet Paul seinen neuen Drehstuhl, Schreibtisch und Rollkontainer?

Zeichne ein.

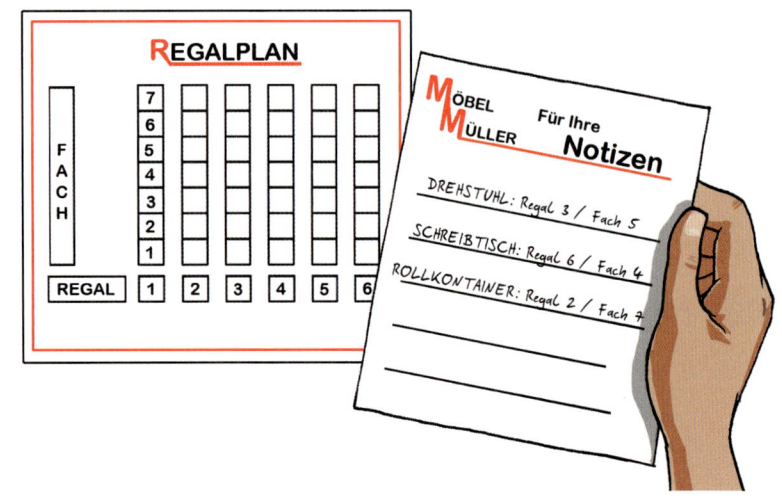

So gut kann ich die Aufgaben: ☺ ☺ ☹

So geht es: Das Koordinatensystem

Nach einem ähnlichen Plan bestimmt man in der Mathematik die Lage von Punkten.

In einem **Koordinatensystem** wird die Lage von Punkten angegeben. Dazu hat man eine **x-Achse** und eine **y-Achse** festgelegt. Die genaue Lage der Punkte wird durch die **Koordinaten** festgelegt.

Punkt A hat die Koordinaten: $x = 5$

$\qquad\qquad\qquad\qquad\quad y = 3$

Man schreibt kurz: A (5|3)

Die x-Koordinate wird zuerst geschrieben.

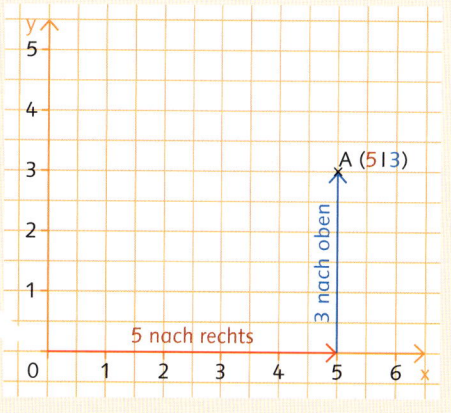

1 Beschrifte das Koordinatensystem.

a) Kennzeichne an dem Koordinatensystem die x-Achse und die y-Achse.

b) Teile die x-Achse und die y-Achse in gleich große Teile ein und beschrifte die Achsen.

2 Zeichne Punkte in das Koordinatensystem, benenne sie mit A, B usw., und bestimme die Koordinaten.

A (3|7)

Koordinaten bestimmen

1 Bestimme die Koordinaten. Schreibe sie auf.

a)

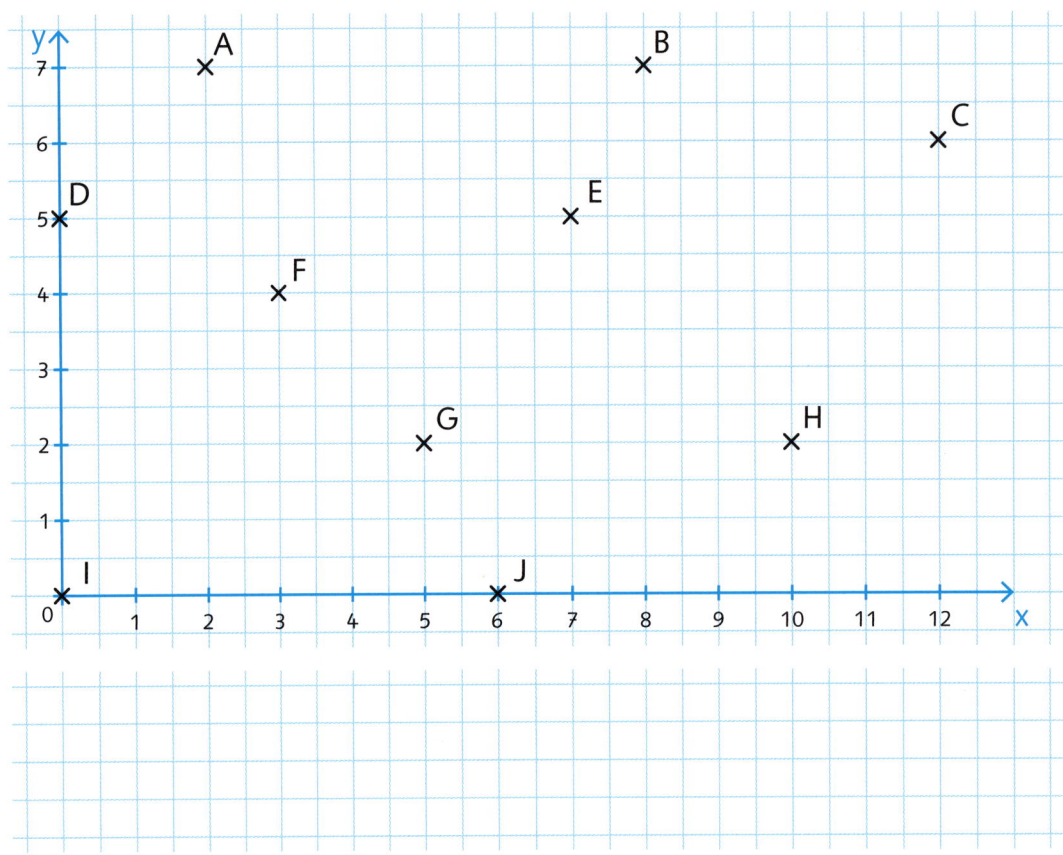

b)

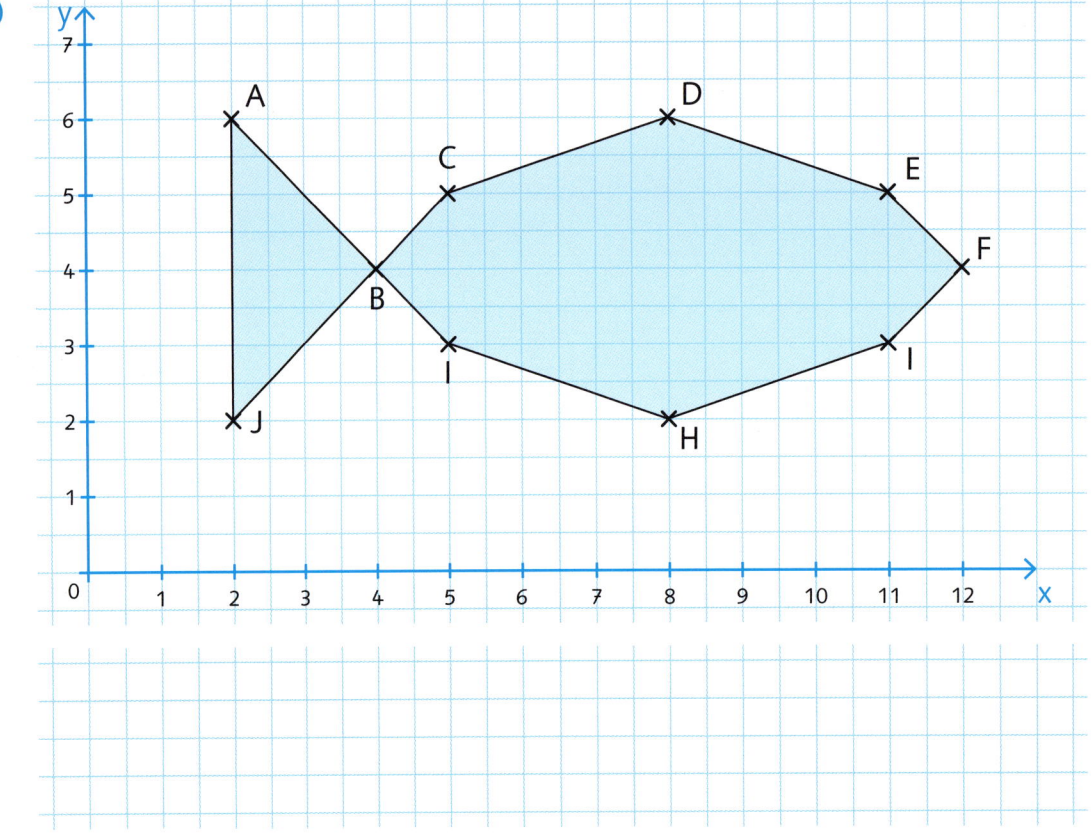

Koordinaten zeichnen

1 Trage die Koordinaten als Punkte ein. Verbinde die Punkte. Welche Figur entsteht?

A (2 | 2), B (1 | 4), C (5 | 10), D (6 | 10), E (11 | 5), F (6 | 5), G (6 | 4), H (11 | 4), I (9 | 2)

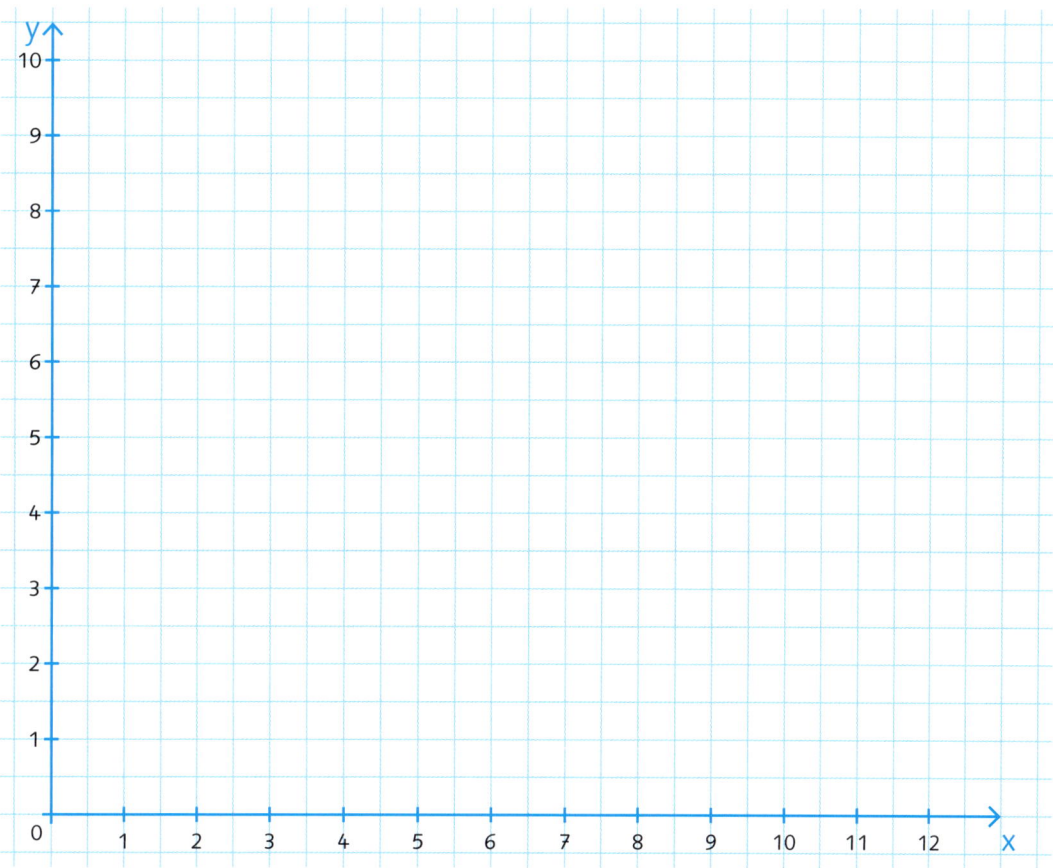

2 Zeichne eine Figur. Bestimme die Koordinaten.

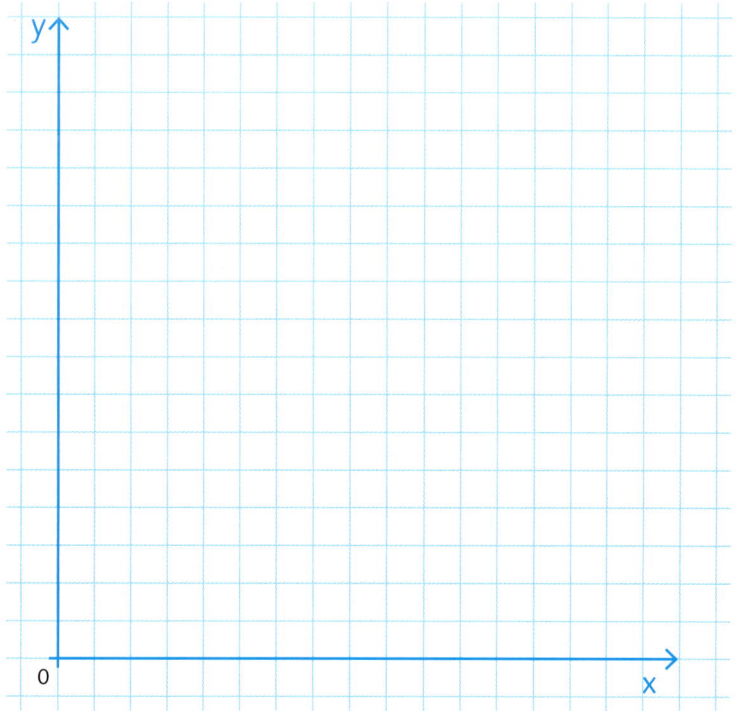

Übungen im Koordinatensystem

1 Trage folgende Punkte in das Koordinatensystem ein.

A (0 | 0),   B (0 | 10),   C (5 | 15),   D (10 | 10),   E (10 | 8),

F (15 | 8),   G (5 | 0),   H (18 | 15),   I (23 | 19),   K (19 | 13)

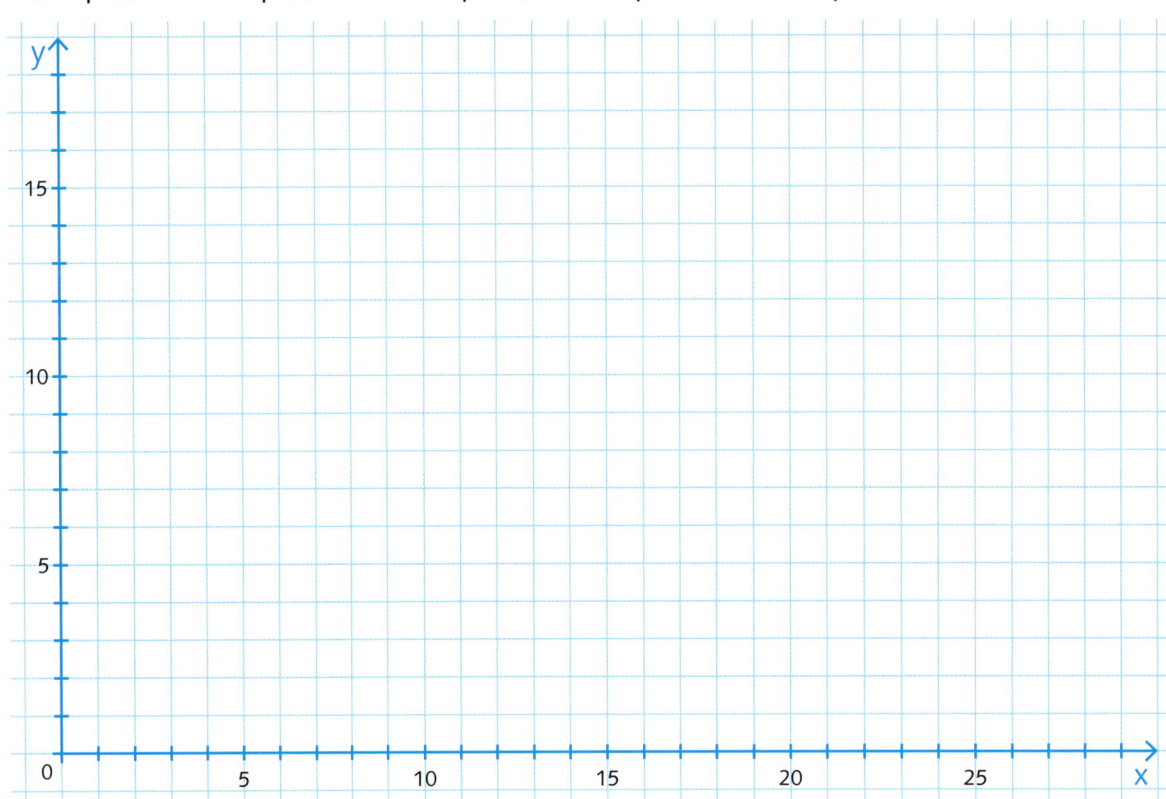

2 Wie heißen die Koordinaten der Punkte?

A (__ | __)   B (__ | __)

C (__ | __)   D (__ | __)

E (__ | __)   F (__ | __)

G (__ | __)   H (__ | __)

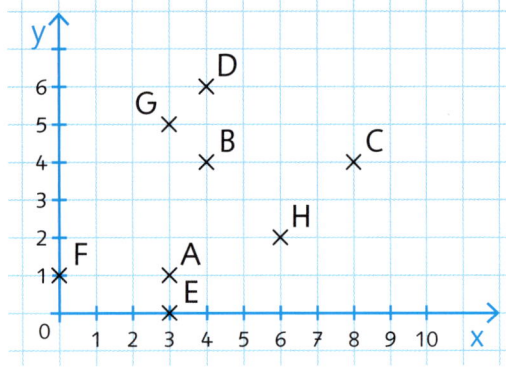

3 Trage die folgenden Punkte in das Koordinatensystem ein.

A (9 | 7)   B (4 | 2)

C (7 | 5)   D (6 | 6)

E (1 | 7)   F (3 | 4)

G (10 | 2)   H (7 | 2)

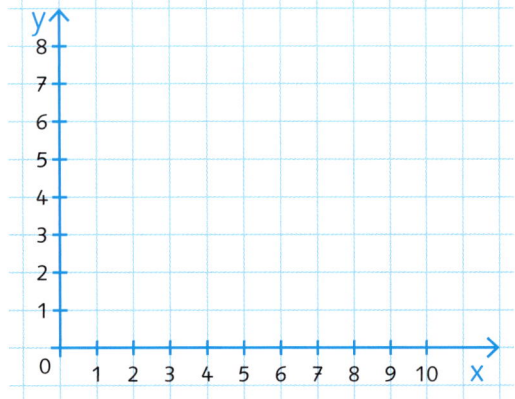

Vierecke im Koordinatensystem

1 Zeichne die Rechtecke im Koordinatensystem fertig. Gib die fehlenden
Koordinaten an.

	Rechteck 1	Rechteck 2	Rechteck 3	Rechteck 4
A	(2 | 2)	(8 | 3)	(___ | ___)	(9 | 9)
B	(5 | 2)	(___ | ___)	(6 | 8)	(___ | ___)
C	(5 | 6)	(11 | 7)	(6 | 12)	(___ | ___)
D	(___ | ___)	(___ | ___)	(___ | ___)	(___ | ___)

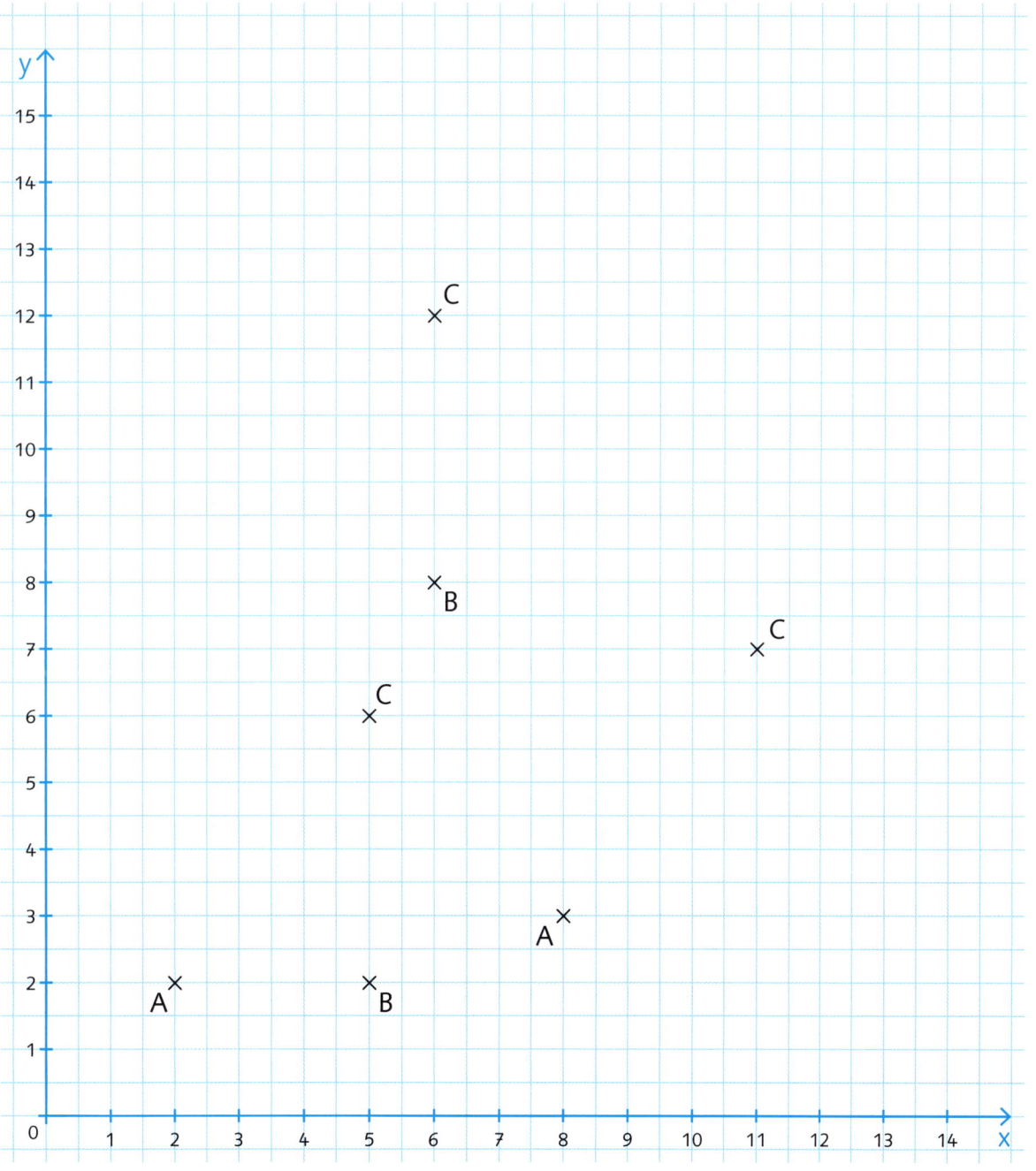

2 Zeichne die Quadrate im Koordinatensystem fertig. Gib die fehlenden Koordinaten ein.

	Quadrat 1	Quadrat 2	Quadrat 3	Quadrat 4
A	(3 | 3)	(9 | 2)	(__ | __)	(10 | 10)
B	(7 | 3)	(__ | __)	(7 | 9)	(__ | __)
C	(7 | 7)	(11 | 4)	(7 | 12)	(__ | __)
D	(__ | __)	(__ | __)	(__ | __)	(__ | __)

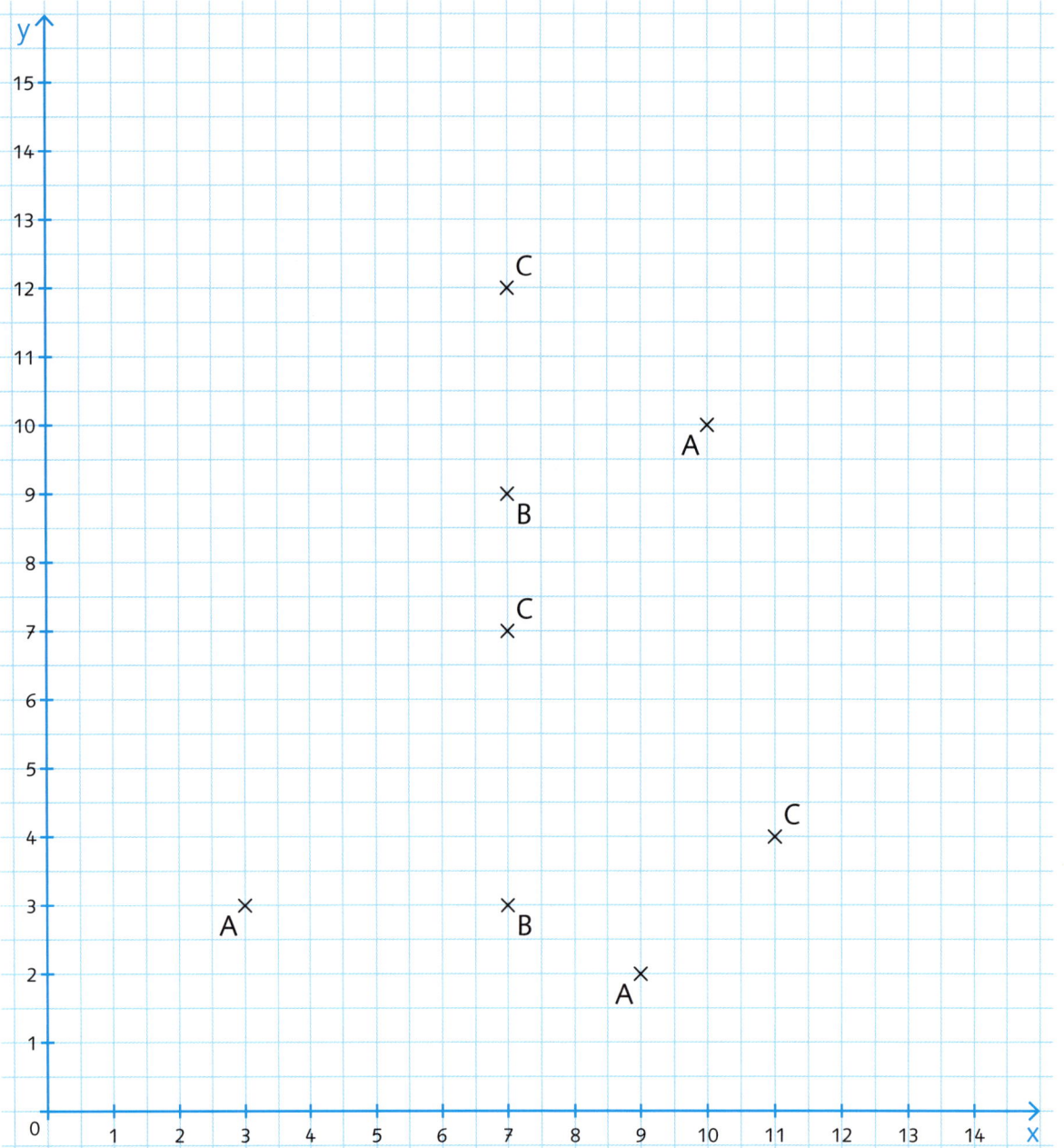

3 Zeichne ein weiteres Quadrat, das das Quadrat 3 umschließt.
Gib die Koordinaten an.

_____ ; _____ ; _____ ; _____

Figuren im Koordinatensystem

1 Trage die Punkte in das Koordinatensystem ein.

Verbinde die Punkte in jeder Teilaufgabe der Reihe nach.

a) A (0|0); B (0|10); C (3|15); D (6|10); E (6|8); F (12|8); G (14|6); H (14|0)

b) I (2|0); J (2|5); K (5|5); L (5|0)

c) M (2|7); N (4|7); O (4|10); P (2|10)

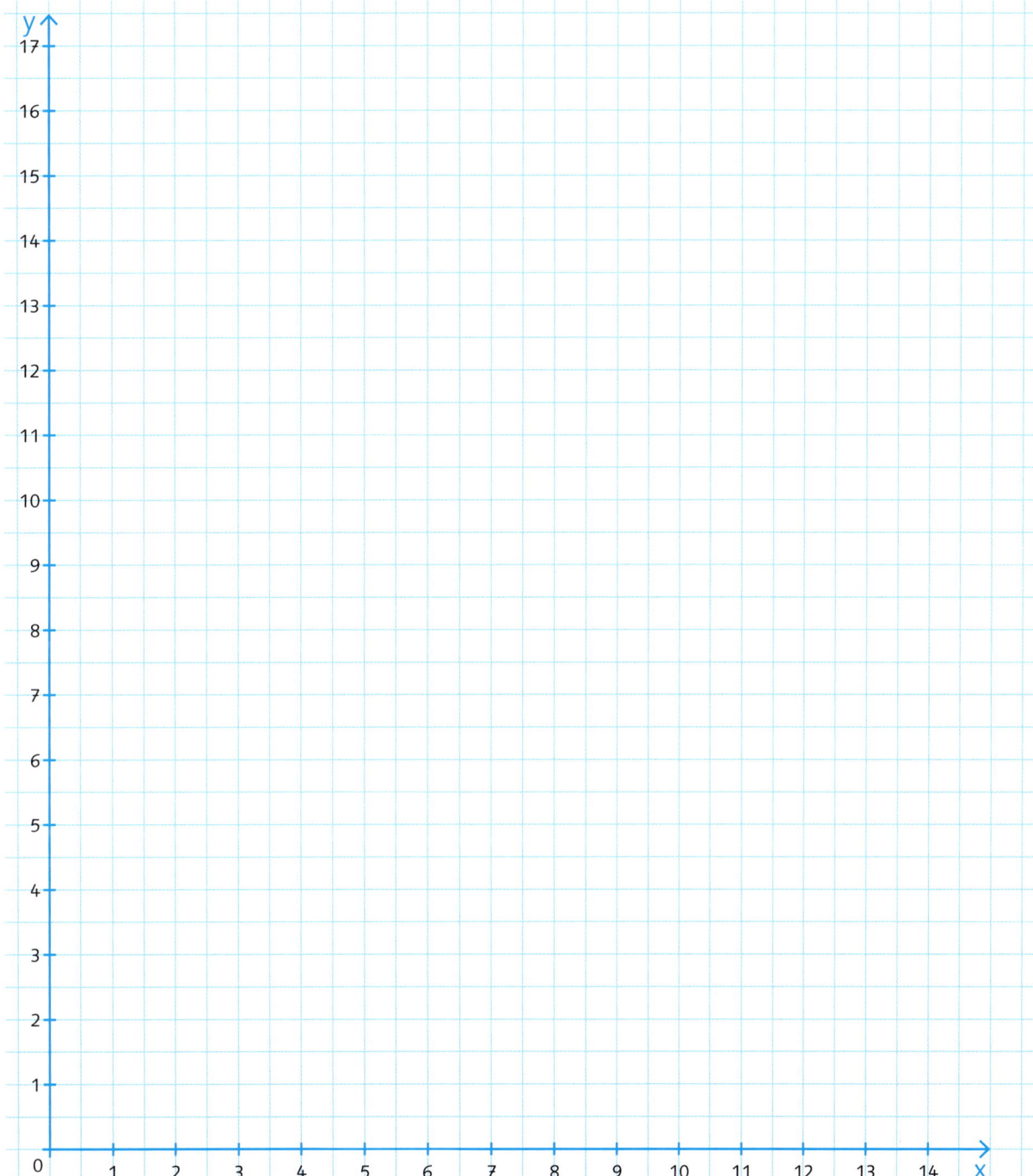

d) Zeichne ein weiteres Fenster ein und gib die Koordinaten an.

Q (__|__); R (__|__); S (__|__); T (__|__)

2 Vervollständige das Koordinatensystem und trage die Punkte ein.

Verbinde die Punkte in jeder Teilaufgabe der Reihe nach.

a) A (3 | 0); B (3 | 11); C (6 | 15); D (19 | 15); E (22 | 11); F (22 | 0)

b) Verbinde Punkt B und E.

c) G (8 | 0); H (8 | 4); I (11 | 4); J (14 | 4); K (14 | 0); L (11 | 0)

d) Verbinde Punkt L und I.

e) M (5 | 6); N (9 | 6); O (9 | 9); P (5 | 9)

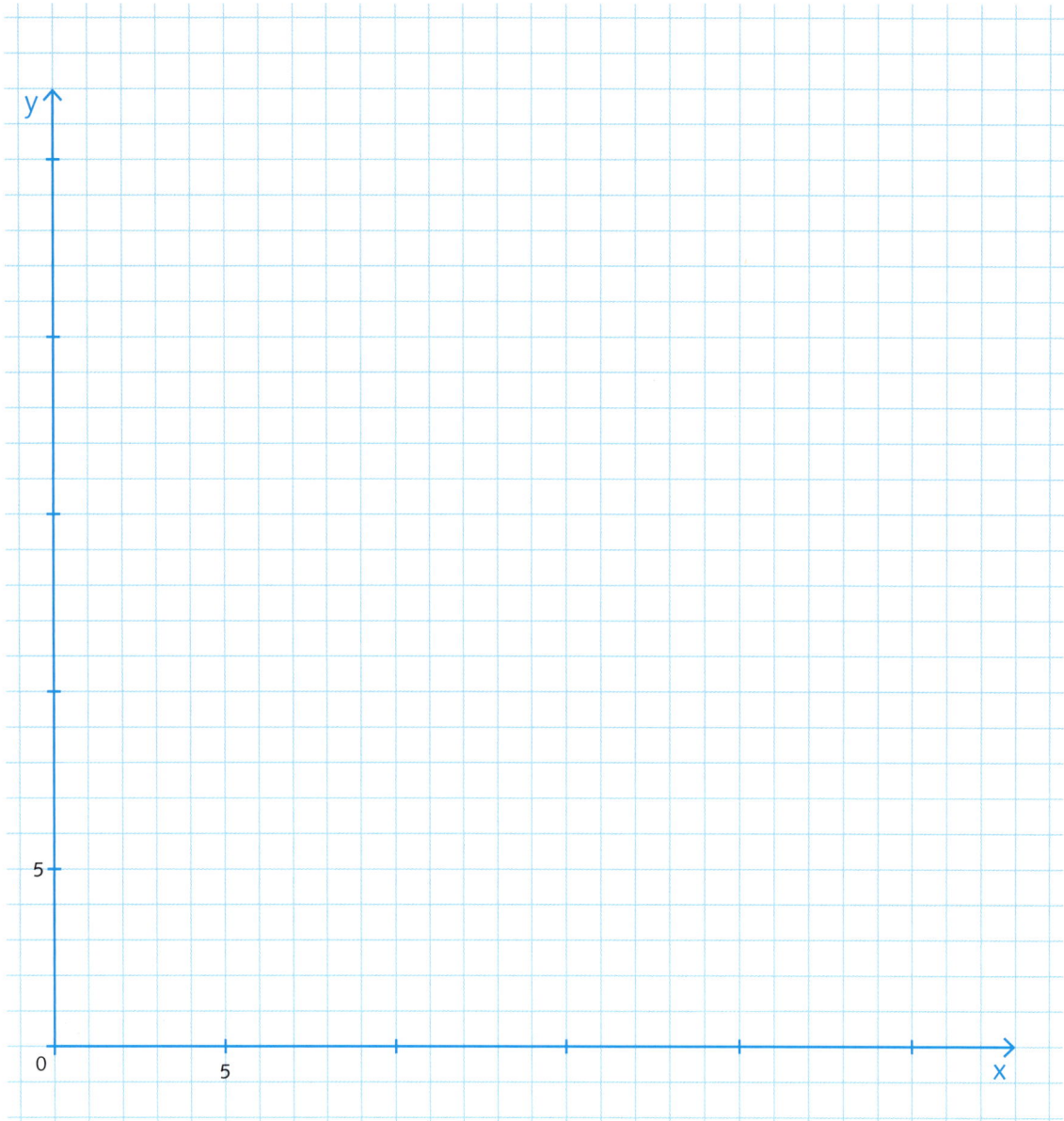

f) Zeichne ein weiteres Fenster ein und gib die Koordinaten an.

Q (___ | ___); R (___ | ___); S (___ | ___); T (___ | ___)

g) Ergänze eine weitere Figur (z. B. Schornstein, Sonne, Wolke, …) und gib die Koordinaten an.

_____ ; _____ ; _____ ; _____ ; _____

Das kann ich schon

1 a) Vervollständige das Koordinatensystem.

b) Zeichne die Punkte ein.

A (1 | 2), B (12 | 3), C (10 | 8), D (6 | 4), E (13 | 8), F (20 | 15), G (0 | 12), H (5 | 8),

I (11 | 5), K (2 | 5), L (4 | 14), M (10 | 0), N (3 | 7), O (17 | 10)

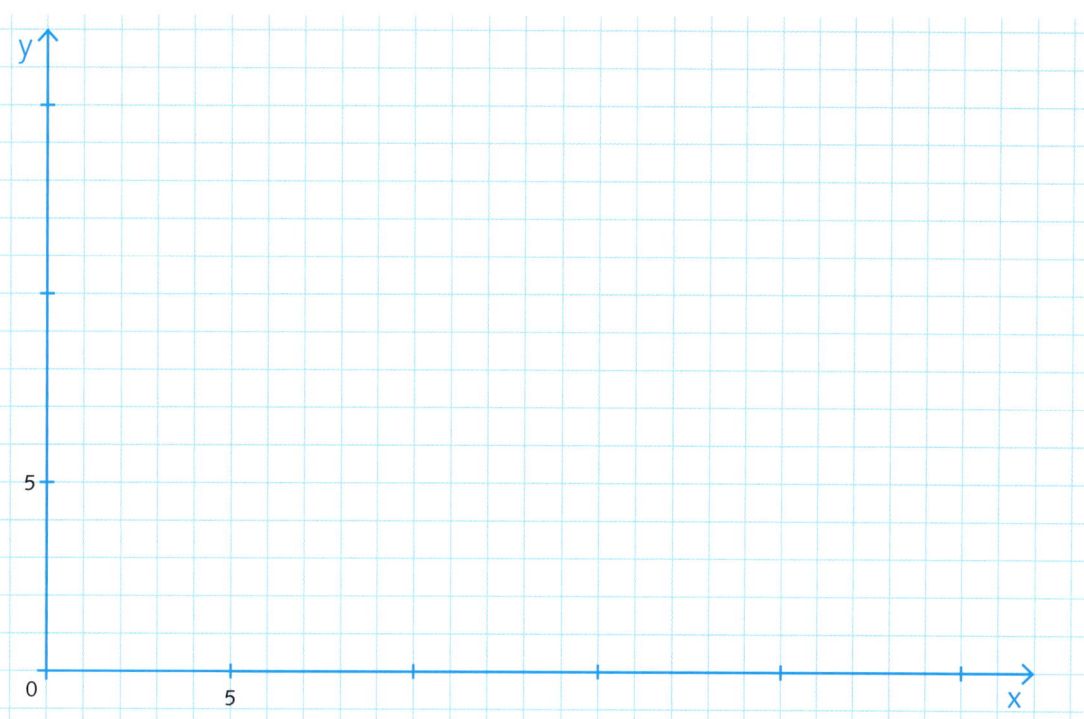

2 Bestimme die Koordinaten der Punkte.

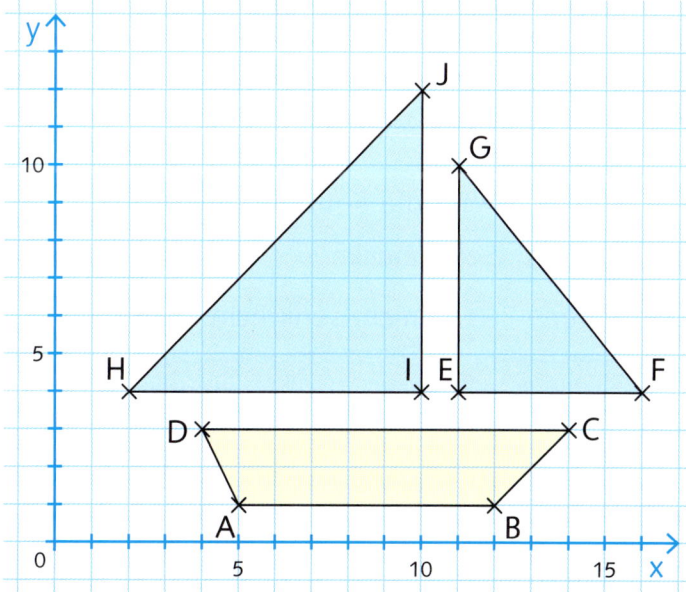

Start ins Thema: Lagebeziehungen

Parallel

Die Fensteröffnungen liegen parallel zueinander.

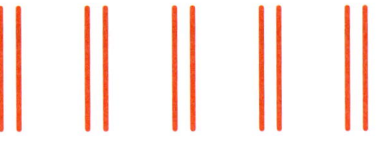

Der Boden liegt parallel zur Decke.

Die Geraden sind   parallel zueinander.   nicht parallel zueinander.

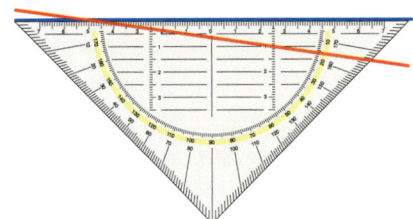

> Parallele Geraden
> schneiden sich nicht.

Senkrecht

Die Mauern stehen senkrecht zum Boden.

Die Decke und die Mauern stehen senkrecht zueinander.

Der Maurer benutzt Wasserwaage und Winkel, damit die Bauteile senkrecht zueinander stehen. Wir überprüfen das mit dem Geodreieck.

Die Geraden stehen   senkrecht zueinander.   nicht senkrecht zueinander.

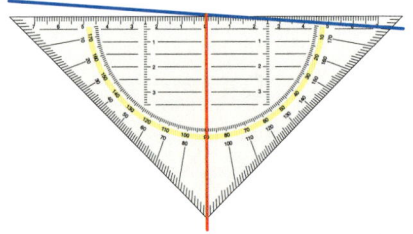

> Senkrechte Geraden
> bilden einen
> rechten Winkel.

1 Zeichne in die Bilder parallele und senkrechte Geraden ein.

So gut kann ich die Aufgaben: ☺ 😐 ☹

So geht es: Zeichnen paralleler und senkrechter Geraden

Parallele Geraden mit dem Geodreieck zeichnen

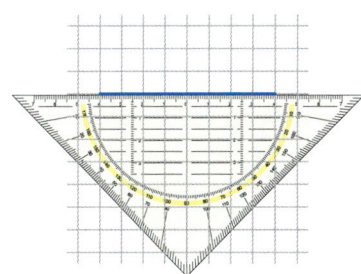

Zeichne eine Gerade in dein Heft. Lege das Geodreieck mit den Querlinien auf diese Gerade.

Ziehe nun eine Gerade entlang der Grundkante des Geodreiecks.

Du hast zwei parallele Geraden.

Das Zeichen für parallele Geraden ist: ||

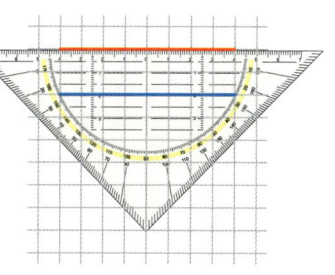

1 Zeichne parallele Geraden.

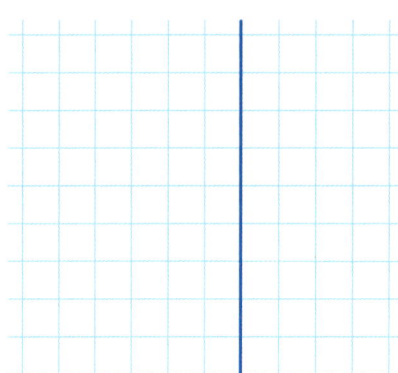

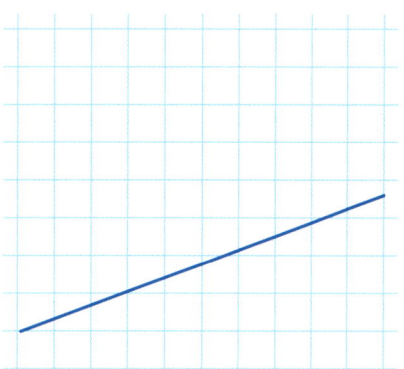

Senkrechte Geraden

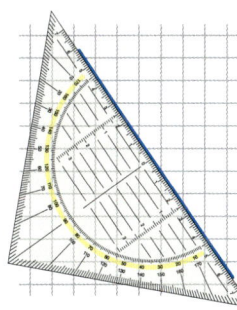

Zeichne eine Gerade. Lege das Geodreieck mit seiner Mittellinie auf die Gerade.

Zeichne eine weitere Gerade entlang der Grundkante des Geodreiecks.

Beide Geraden stehen senkrecht zueinander.

Das Zeichen für senkrechte Geraden ist: ⊥

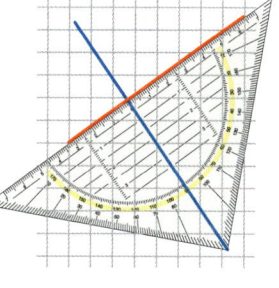

2 Zeichne senkrechte Geraden.

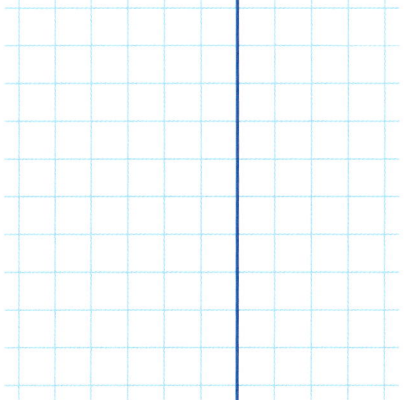

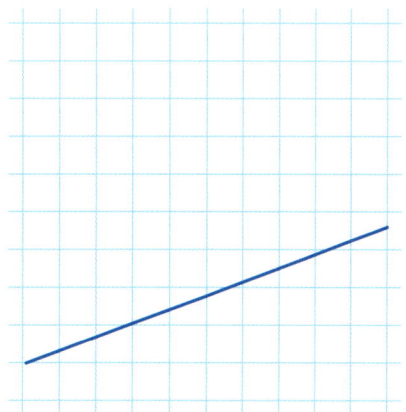

Zeichnen paralleler und senkrechter Geraden

1 Kennzeichne die jeweils zueinander parallelen Geraden mit einer Farbe.

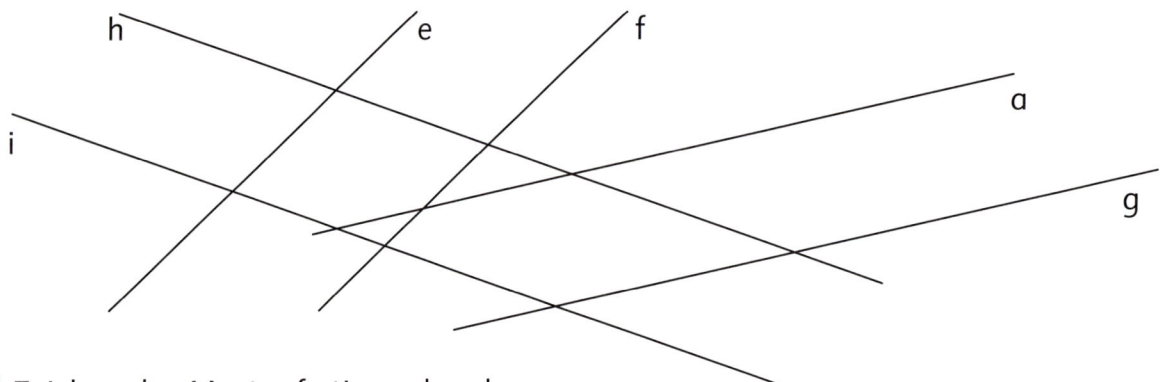

2 Zeichne das Muster fertig und male es an.

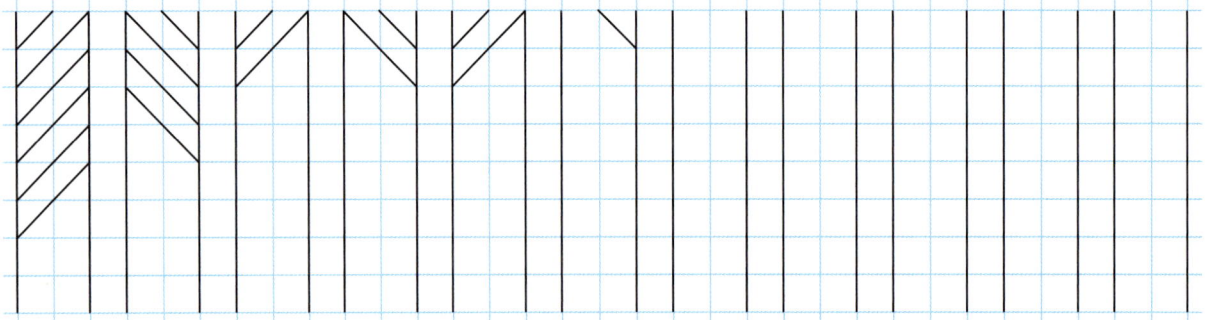

3 Zeichne jeweils eine parallele und eine senkrechte Gerade ein.

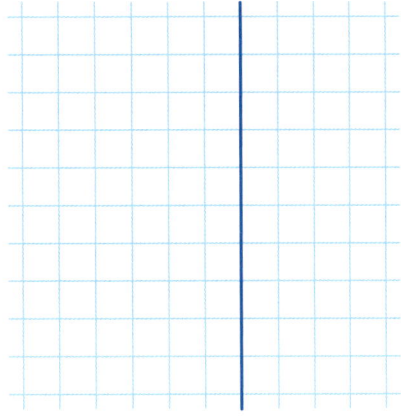
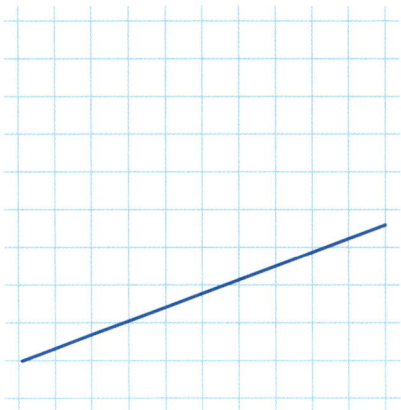

4 Zeichne die Mauer fertig.

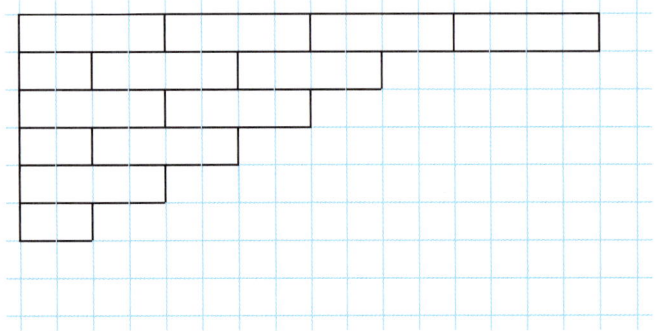

5 Erfinde ein neues Muster.

Senkrechte und parallele Geraden

1 Kennzeichne parallele Geraden rot.

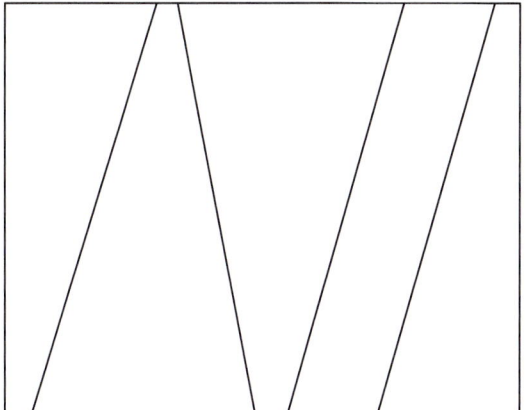
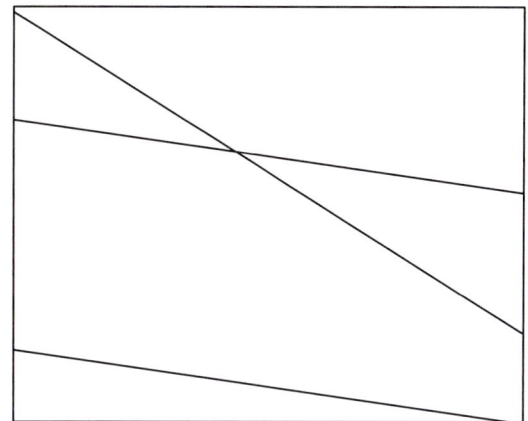

2 Kennzeichne senkrecht zueinander stehende Strecken in einer Farbe.

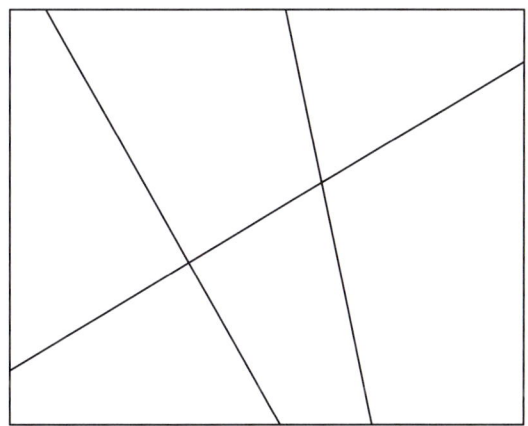
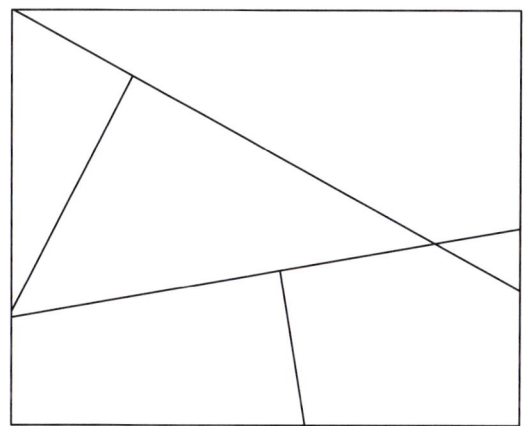

3 Zeichne zur eingezeichneten Strecke eine senkrecht stehende und zwei parallele Strecken.

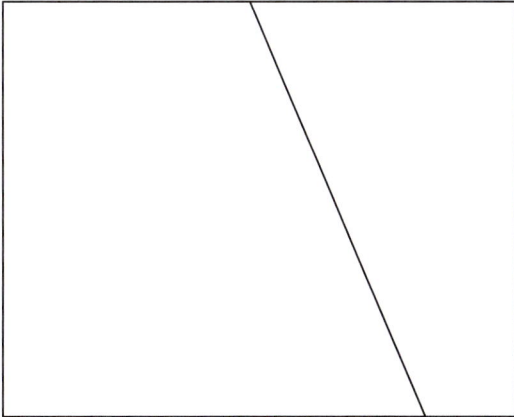

4 Zeichne zu beiden Strecken parallele Strecken. Sie kreuzen sich.

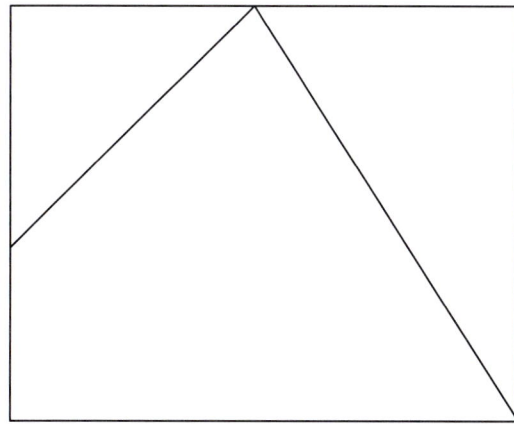

4 a) Verbinde die grünen Punkte zu einem Viereck. Nutze zuerst den Bleistift.

    b) Zeichne parallele Seiten blau nach.

    c) Zeichne senkrecht zueinander stehende Seiten gelb nach.

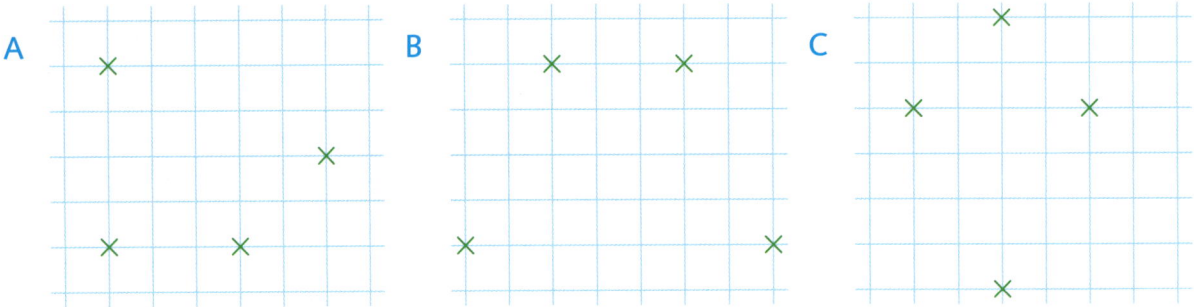

d) Es gibt

	A	B	C
parallele Geraden			
senkrecht zueinander stehende Geraden			

5 Zeichne zu den Geraden durch jeden Punkt je eine parallele Gerade.

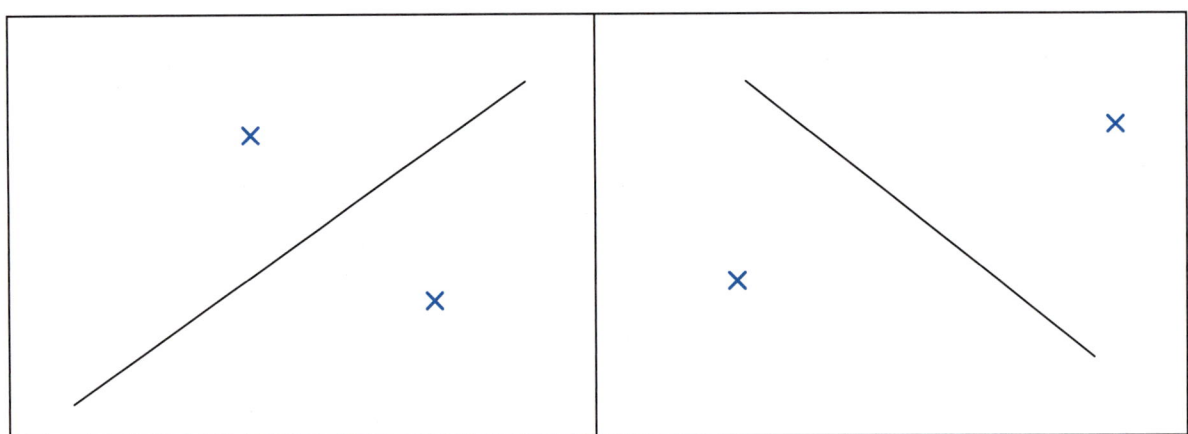

6 Zeichne zu den Geraden durch jeden Punkt je eine senkrechte Gerade.

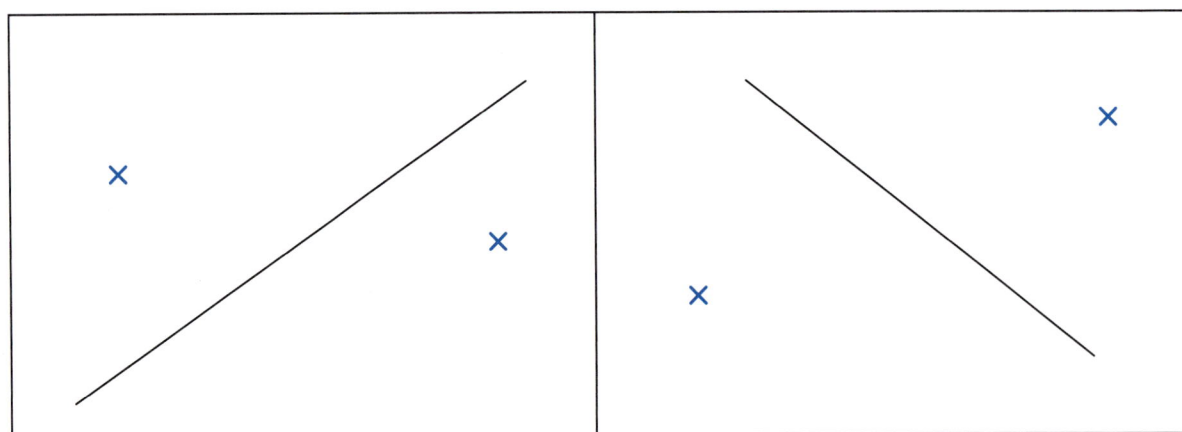

7 Welche Kanten des abgebildeten Netzes sind parallel zueinander, welche sind senkrecht zueinander? Schreibe so: a ∥ b und b ⊥ g.

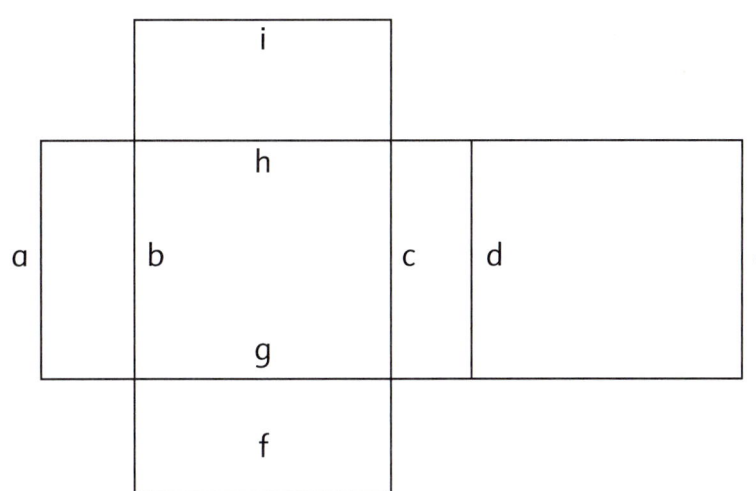

8 Zeichne drei Geraden so, dass

a) drei Schnittpunkte entstehen.

b) zwei Schnittpunkte entstehen.

c) ein Schnittpunkt entsteht.

d) kein Schnittpunkt entsteht.

Muster zeichnen

1 Zeichne das Muster in die Rechenkästchen. Färbe es ein.

a)   b)

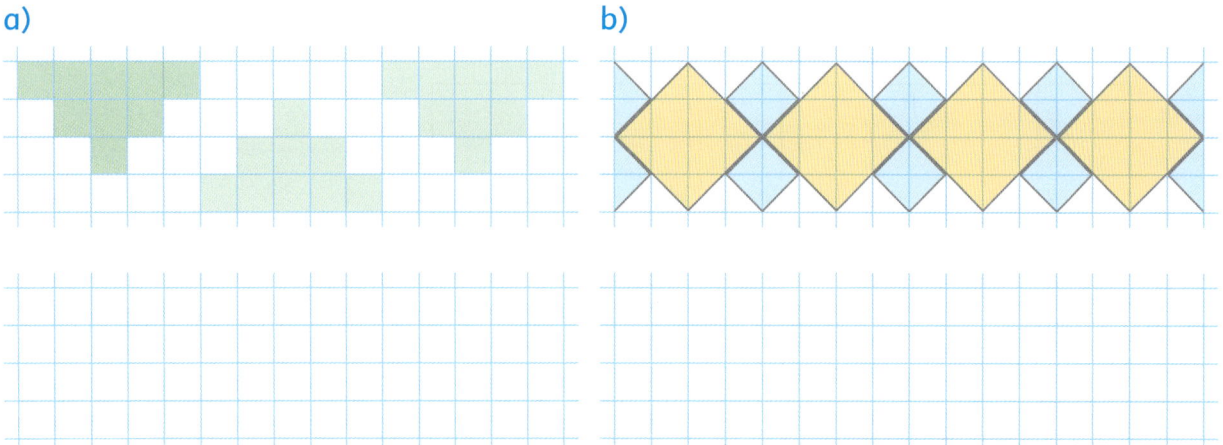

2 Entwirf eigene Muster aus senkrechten und parallelen Geraden. Färbe sie ein.

a)

b)

Das kann ich schon

1 Zeichne zu jeder Geraden je zwei parallele Geraden.

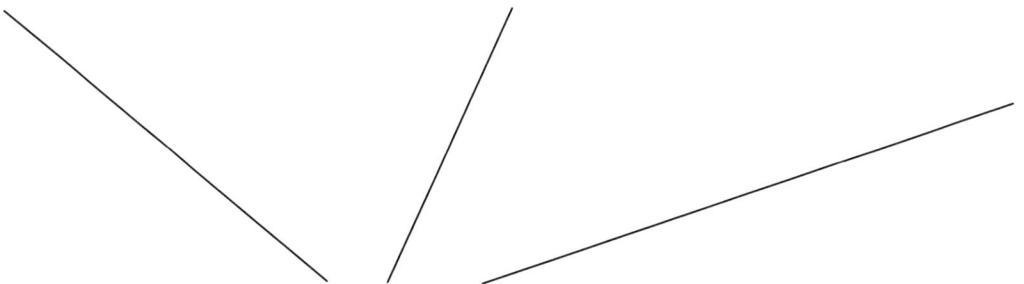

2 Zeichne zu den Geraden *g* und *h* jeweils 6 Senkrechte durch die markierten Stellen.

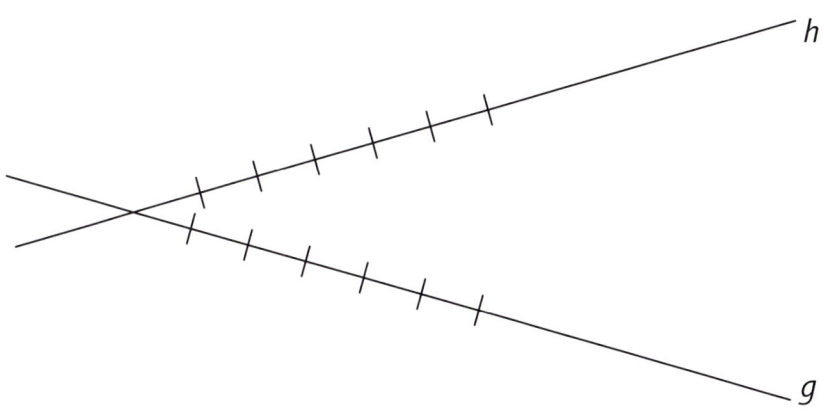

3 Zeichne zu den Geraden *g* und *h* jeweils 5 Senkrechte im Abstand von 1,5 cm.

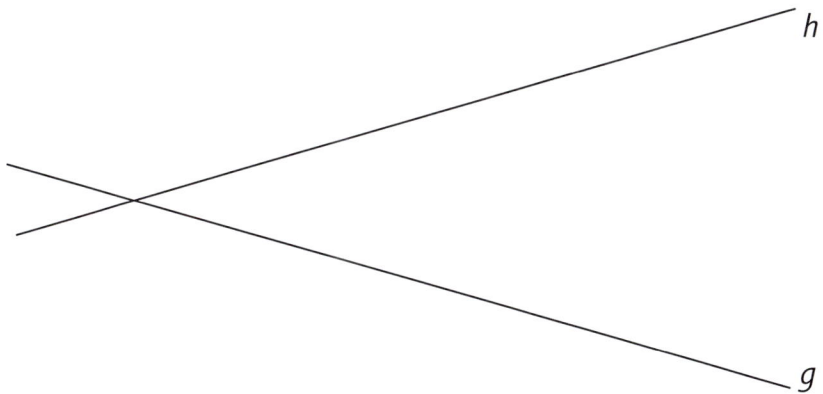

4 Zeichne zu jeder Geraden eine senkrechte Gerade durch den Punkt Q.

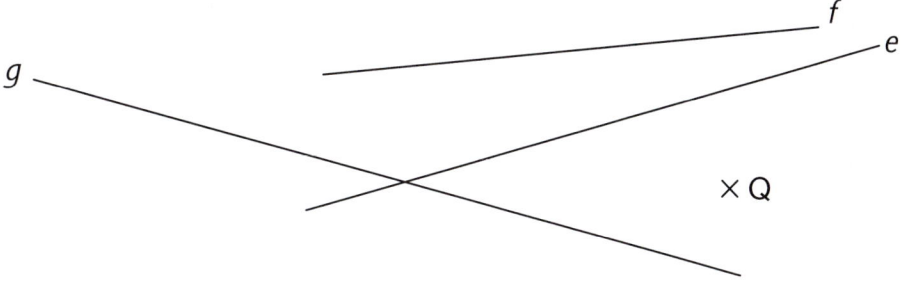

Start ins Thema: Winkel

Zwei Geraden laufen aufeinander zu.

Strommasten

Fahrzeugkran und Seil

Winkel entstehen, wenn zwei Geraden aufeinandertreffen.

1 Nimm einen Zollstock und bilde die verschiedenen Winkel nach der Vorlage.

a)   b)   c)   d)

spitzer Winkel   rechter Winkel   stumpfer Winkel   gestreckter Winkel

2 Baue eine Winkelscheibe.

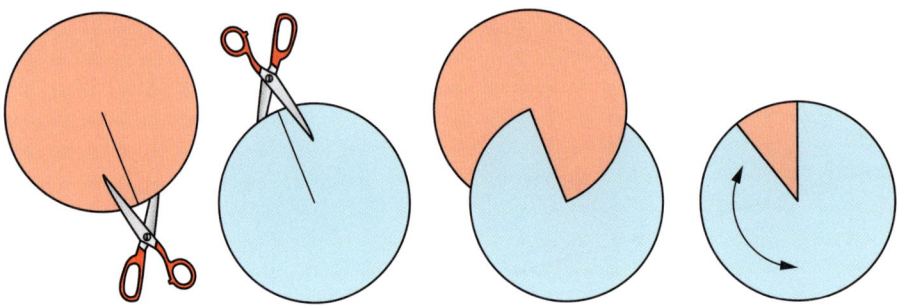

3 Spitzer, rechter oder stumpfer Winkel? Schreibe die Winkelart auf.

a)   b)   c)   d)   e)

_____ _____ _____ _____ _____

_____ _____ _____ _____ _____

So gut kann ich die Aufgaben: 😊😐☹️

So geht es: Winkel messen und zeichnen

Winkel messen

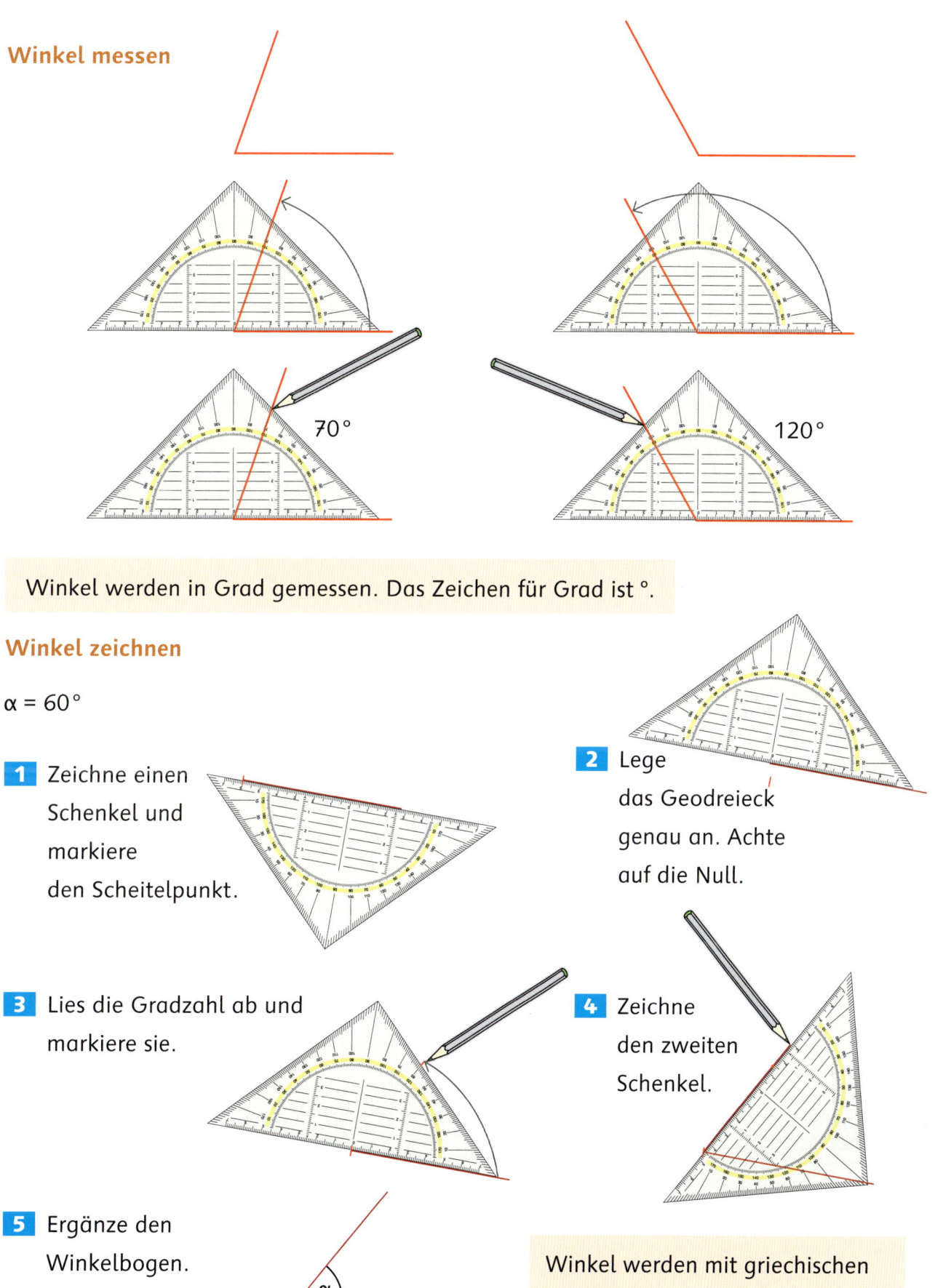

70°

120°

> Winkel werden in Grad gemessen. Das Zeichen für Grad ist °.

Winkel zeichnen

α = 60°

1 Zeichne einen Schenkel und markiere den Scheitelpunkt.

2 Lege das Geodreieck genau an. Achte auf die Null.

3 Lies die Gradzahl ab und markiere sie.

4 Zeichne den zweiten Schenkel.

5 Ergänze den Winkelbogen. Benenne den Winkel.

α

> Winkel werden mit griechischen Buchstaben bezeichnet: α = alpha

Bezeichnungen an Winkeln

Ein Winkel wird von zwei **Schenkeln** begrenzt. Die beiden Schenkel haben einen Punkt gemeinsam. Diesen Punkt nennt man **Scheitelpunkt**.
Winkel werden mit griechischen Buchstaben bezeichnet:

alpha α   beta β   gamma γ
delta δ   epsilon ε

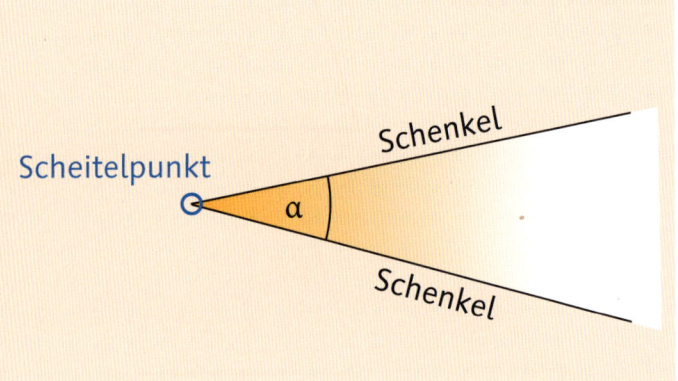

1 Schreibe α, β und γ.

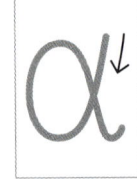
α α _____
α α _____

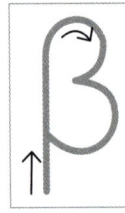
β β _____
β β _____

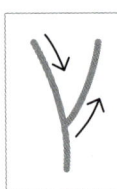
γ γ _____
γ γ _____

2 Ordne die Größen der Winkel α bis ε zu. Du brauchst dazu nicht messen.

| 20° | 125° | 45° | 90° | 180° |

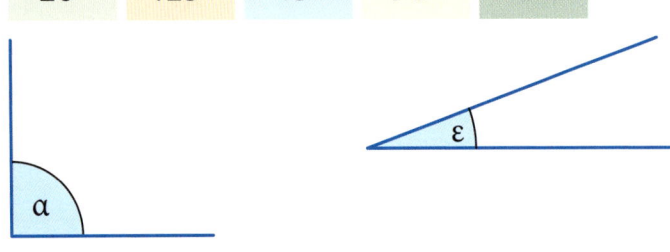
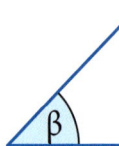

α = _____

β = _____

γ = _____

δ = _____

ε = _____

Winkel bestimmen

1 In den Zeichnungen findest du Winkel. Sie sind markiert.

Male alle spitzen Winkel gelb, rechte Winkel rot und stumpfe Winkel blau.

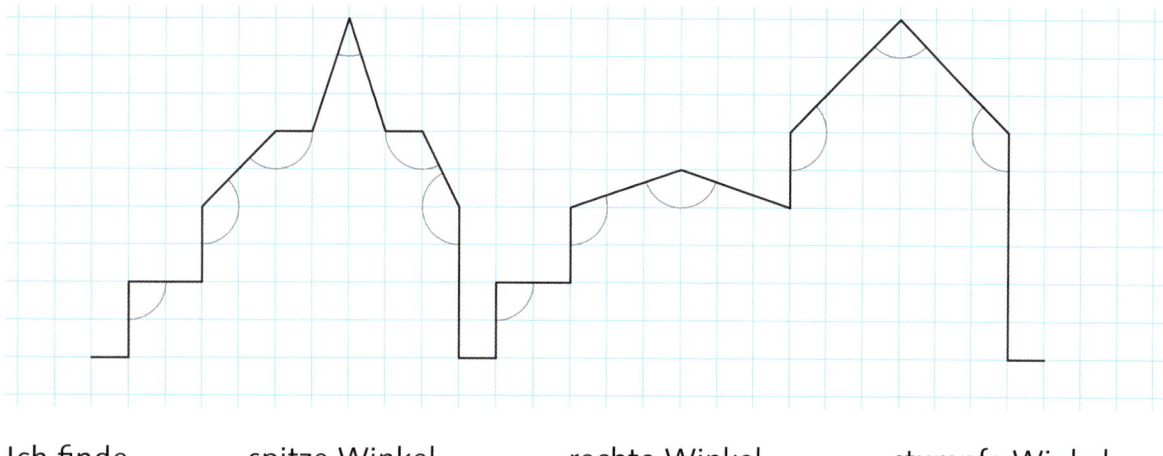

Ich finde _____ spitze Winkel, _____ rechte Winkel, _____ stumpfe Winkel.

2 Ergänze die Winkelbögen: spitze Winkel gelb, rechte Winkel rot, stumpfe Winkel blau.

Mit einem Punkt im Bogen wird ein rechter Winkel bezeichnet.

3 Zeichne mit dem Geodreieck selbst Figuren. Kennzeichne die Winkel farbig.

4 Zeichne die folgenden Zeitspannen in die Ziffernblätter ein.
Schreibe die Winkelart auf.

a) von 3 Uhr bis 6 Uhr

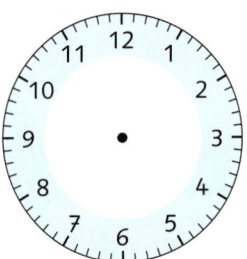

rechter Winkel

b) von 3 Uhr bis 9 Uhr

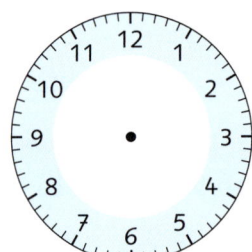

c) von 3 Uhr bis 12 Uhr

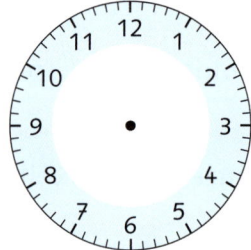

d) von 6 Uhr bis 9 Uhr

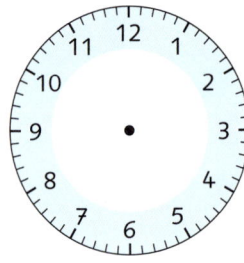

e) von 7 Uhr bis 12 Uhr

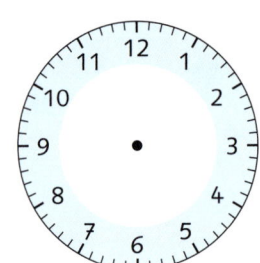

f) von 4 Uhr bis 12 Uhr

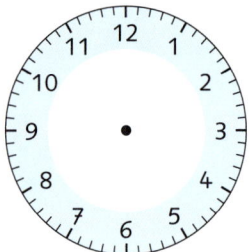

g) von 2 Uhr bis 3 Uhr

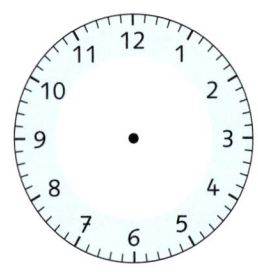

h) von 6 Uhr bis 11 Uhr

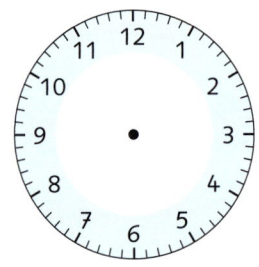

i) von 4 Uhr bis 15 Uhr

j) von 18 Uhr bis 20 Uhr

k) von 7 Uhr bis 15 Uhr

l) von 4 Uhr bis 16 Uhr

Winkel messen

1 Wie groß sind die Winkel?
Schätze die Größe des Winkels.
Miss genau.
Vergleiche beide Ergebnisse.

a)

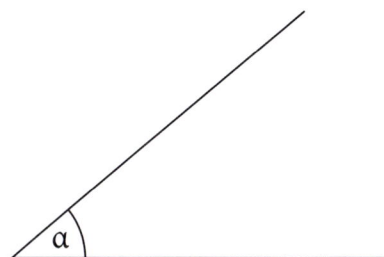

geschätzt: _____

gemessen: _____

Vergleich: ☺ ☹

b)

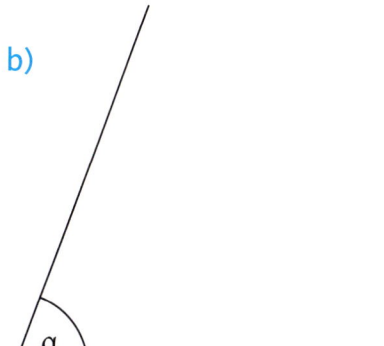

geschätzt: _____

gemessen: _____

Vergleich: ☺ ☹

c)

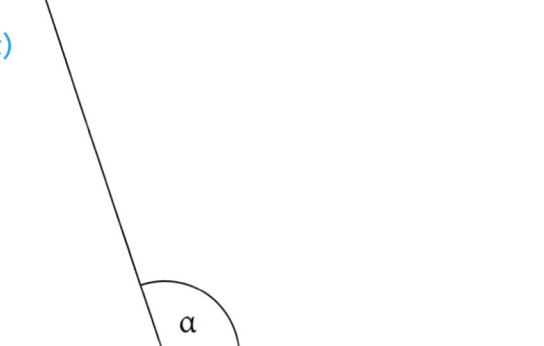

geschätzt: _____

gemessen: _____

Vergleich: ☺ ☹

d)

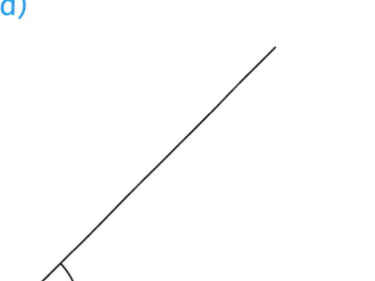

geschätzt: _____

gemessen: _____

Vergleich: ☺ ☹

e)

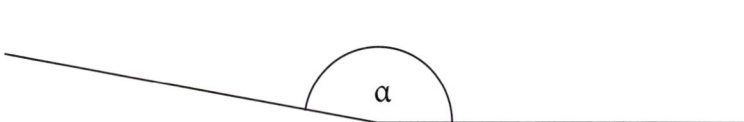

geschätzt: _____

gemessen: _____

Vergleich: ☺ ☹

2 Wie groß sind die Winkel?

a)

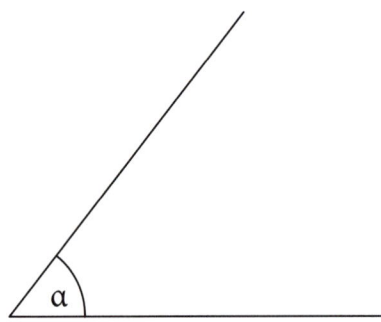

geschätzt: _____

gemessen: _____

Vergleich: 😊 ☹

b)

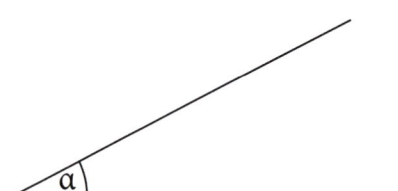

geschätzt: _____

gemessen: _____

Vergleich: 😊 ☹

c)

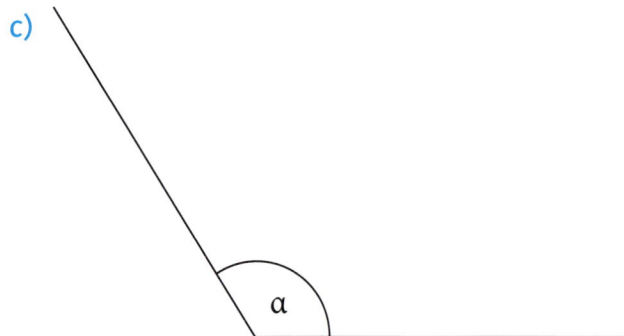

geschätzt: _____

gemessen: _____

Vergleich: 😊 ☹

d)

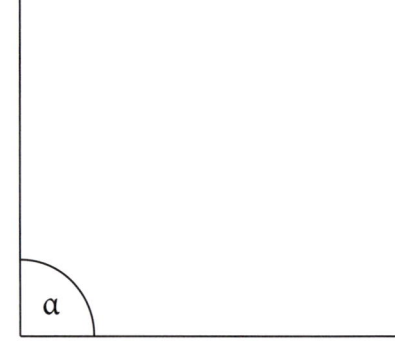

geschätzt: _____

gemessen: _____

Vergleich: 😊 ☹

Bei einem überstumpfen Winkel zeichne ich eine Hilfslinie mit dem gestreckten Winkel ein. Dann messe ich den kleinen spitzen Winkel ...

e)

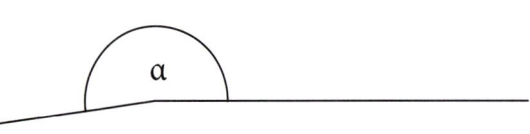

geschätzt: _____

gemessen und berechnet:

_____

Vergleich: 😊 ☹

3 Miss die Winkel im Haus. Trage in die Tabelle ein.

Markiere farbig: spitze Winkel: gelb

rechte Winkel: blau

stumpfe Winkel: grün

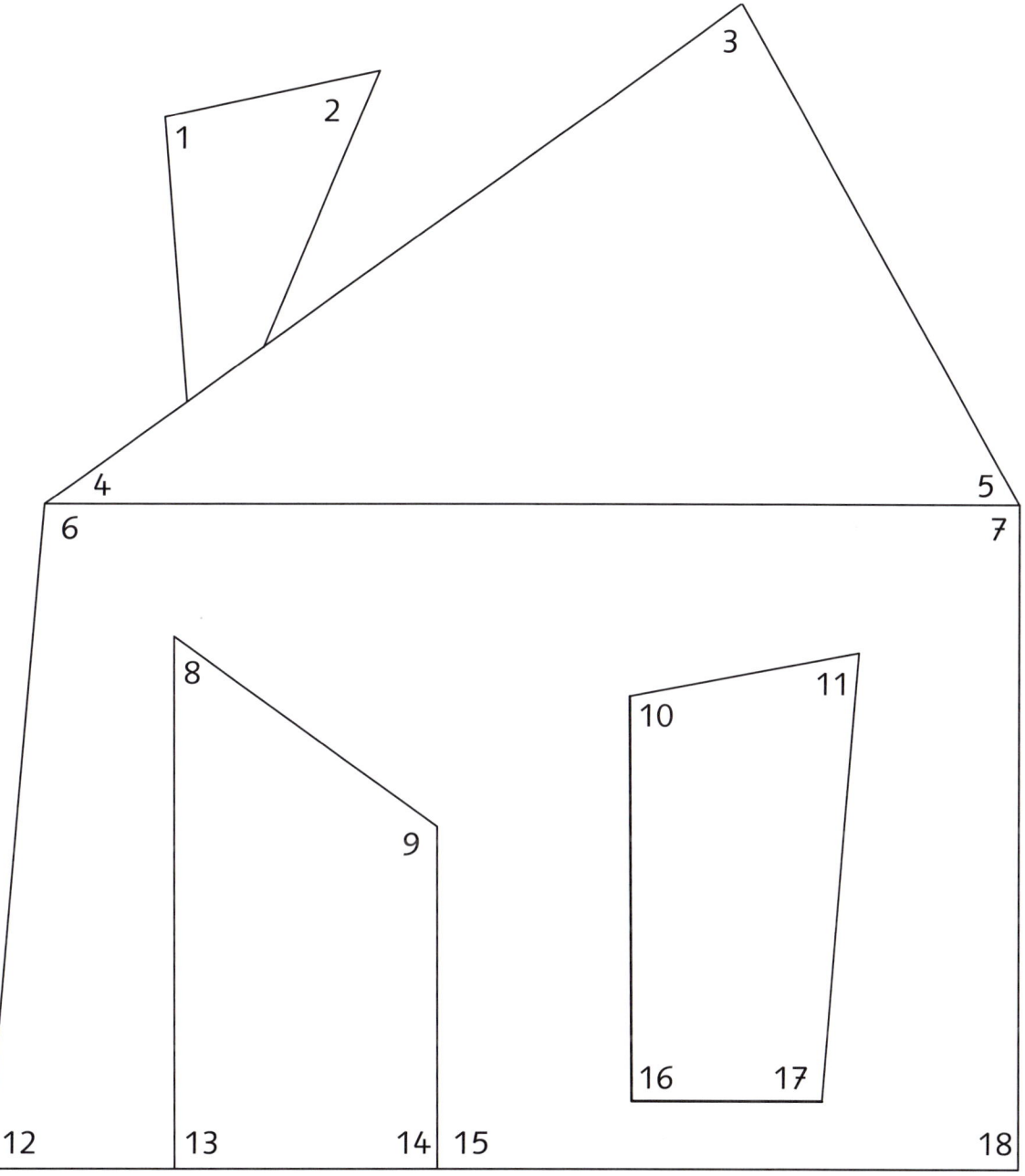

Winkel	1	2	3	4	5	6	7	8	9
Größe	°								

Winkel	10	11	12	13	14	15	16	17	18
Größe									

4 a) Miss die Winkel mit dem Geodreieck.

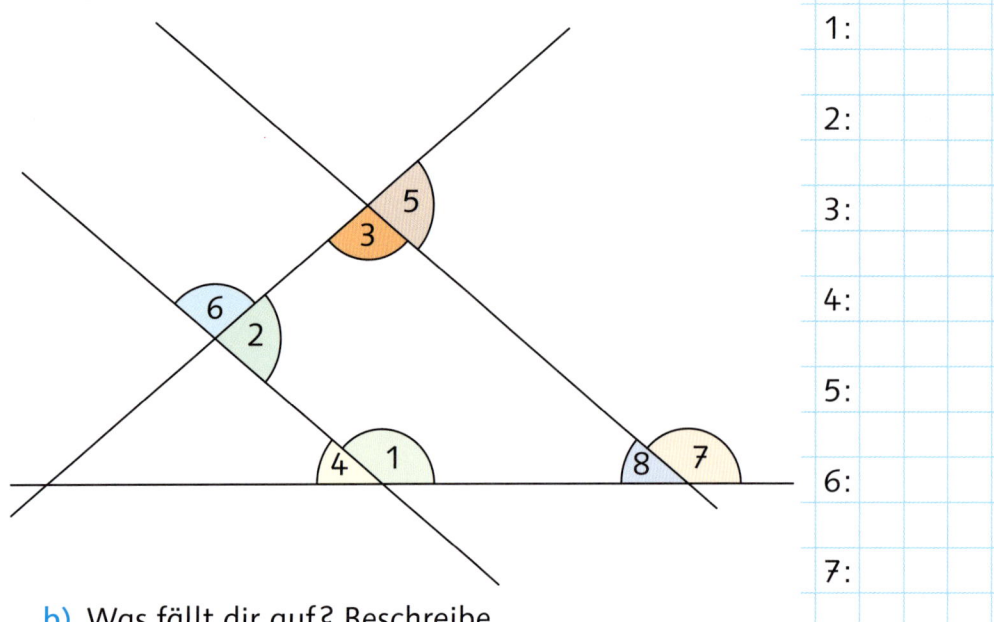

1:

2:

3:

4:

5:

6:

7:

8:

b) Was fällt dir auf? Beschreibe.

_____

_____

5 a) Miss die Winkel.

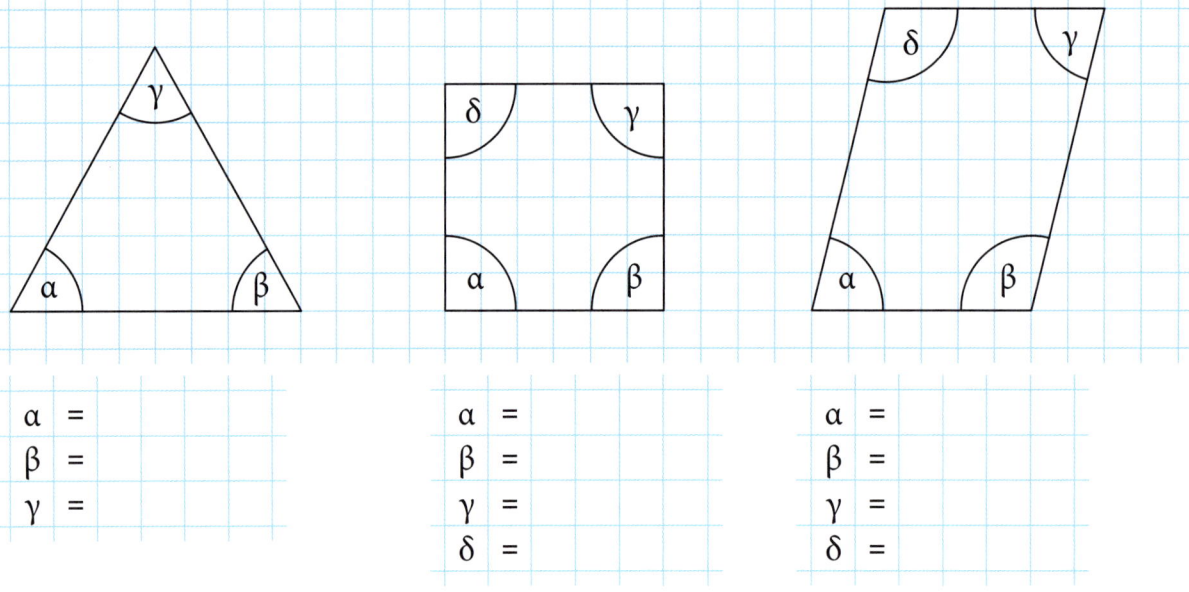

α =
β =
γ =

α =
β =
γ =
δ =

α =
β =
γ =
δ =

b) Addiere die Winkel jeder Figur.

Winkel zeichnen

1 Zeichne die Winkel.

a) 90°

b) 45°

_____

_____

c) 110°

d) 70°

_____

_____

e) 50°

f) 135°

_____

_____

g) 15°

h) 155°

_____

_____

i) 63°

j) 123°

_____

_____

Winkel messen und zeichnen

1 Zeichne die Winkel.

a) 100°

b) 60°

c) 78°

d) 112°

2 Miss die Winkel.

a)

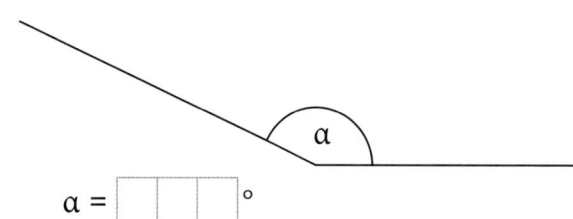

α = [| |] °

b)

α = [| |] °

c)

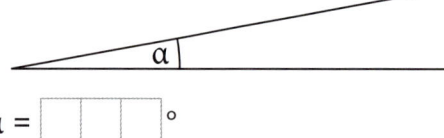

α = [| |] °

d)

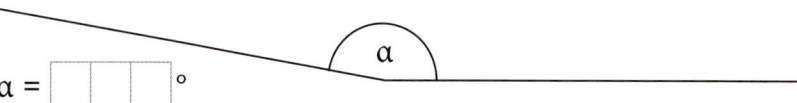

α = [| |] °

e)

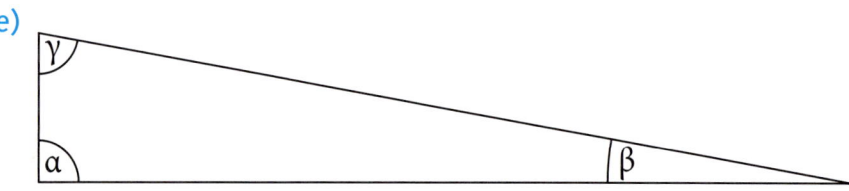

α = [| |] °

β = [| |] °

γ = [| |] °

Das kann ich schon

1 Ordne die Begriffe richtig zu. Schreibe den Merksatz dazu auf.

Scheitelpunkt

Schenkel

Schenkel

Winkel haben

☺ 😐 ☹

2 Welche Größe (in Grad) kann ein spitzer Winkel haben?

☺ 😐 ☹ _____

3 Welche Größe (in Grad) kann ein stumpfer Winkel haben?

☺ 😐 ☹ _____

4 Ergänze.

Ein Winkel von 90° heißt _____.

☺ 😐 ☹ Ein Winkel von 180° heißt _____.

5 Zeichne zwei Winkel und schätze ihre Größe. Miss dann mit dem Geodreieck nach.
Um wie viel Grad weichen Schätzung und Messung voneinander ab?

geschätzt: _____

gemessen: _____

Differenz: _____

geschätzt: _____

gemessen: _____

Differenz: _____

☺ 😐 ☹

1 Was fällt dir bei den Bildern auf?

> Wenn eine Figur aus zwei gleichen Hälften besteht, die beim Falten genau aufeinander passen, ist sie achsensymmetrisch.
> Die Faltlinie heißt Symmetrieachse oder auch Spiegelachse.

2 Achsensymmetrische Figuren haben eine Spiegelachse.
Du kannst sie entdecken. Stelle einen Spiegel auf die rote Linie.
Das Spiegelbild zeigt den verdeckten Ausschnitt.

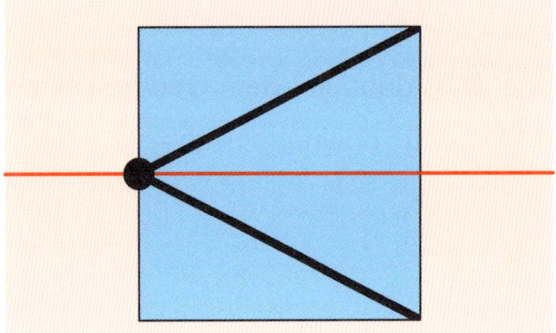 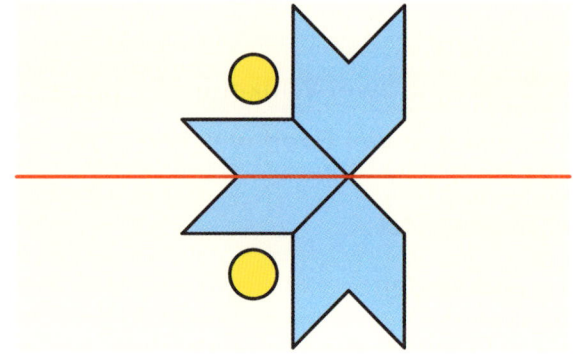

3 Welche Schilder sind achsensymmetrisch. Prüfe mit einem Spiegel.
Zeichne die Symmetrieachse ein.

So gut kann ich die Aufgaben: 😊😐☹

So geht es: Achsensymmetrische Figuren mit dem Geodreieck zeichnen

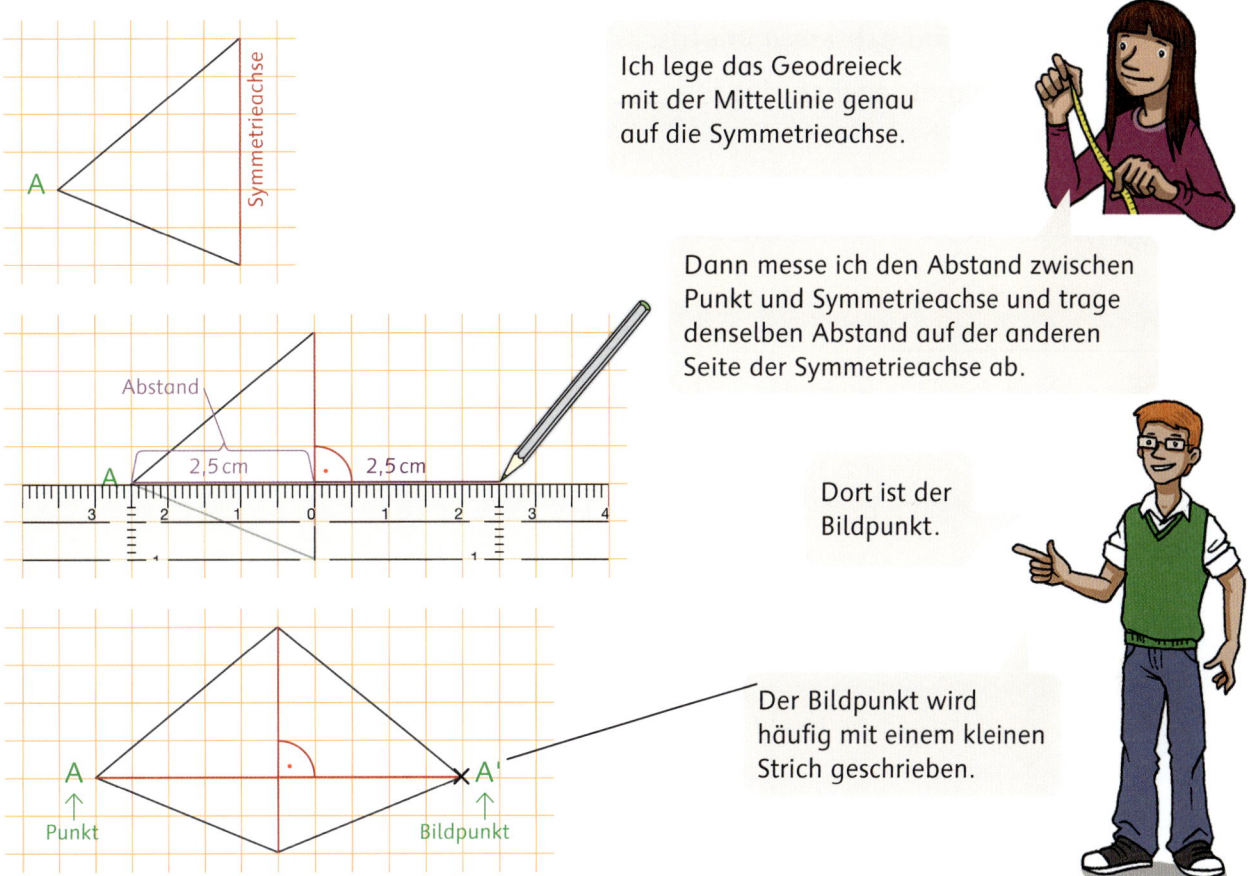

Ich lege das Geodreieck mit der Mittellinie genau auf die Symmetrieachse.

Dann messe ich den Abstand zwischen Punkt und Symmetrieachse und trage denselben Abstand auf der anderen Seite der Symmetrieachse ab.

Dort ist der Bildpunkt.

Der Bildpunkt wird häufig mit einem kleinen Strich geschrieben.

1 Ergänze die Figuren so, dass sie achsensymmetrisch sind. Nutze das Geodreieck.

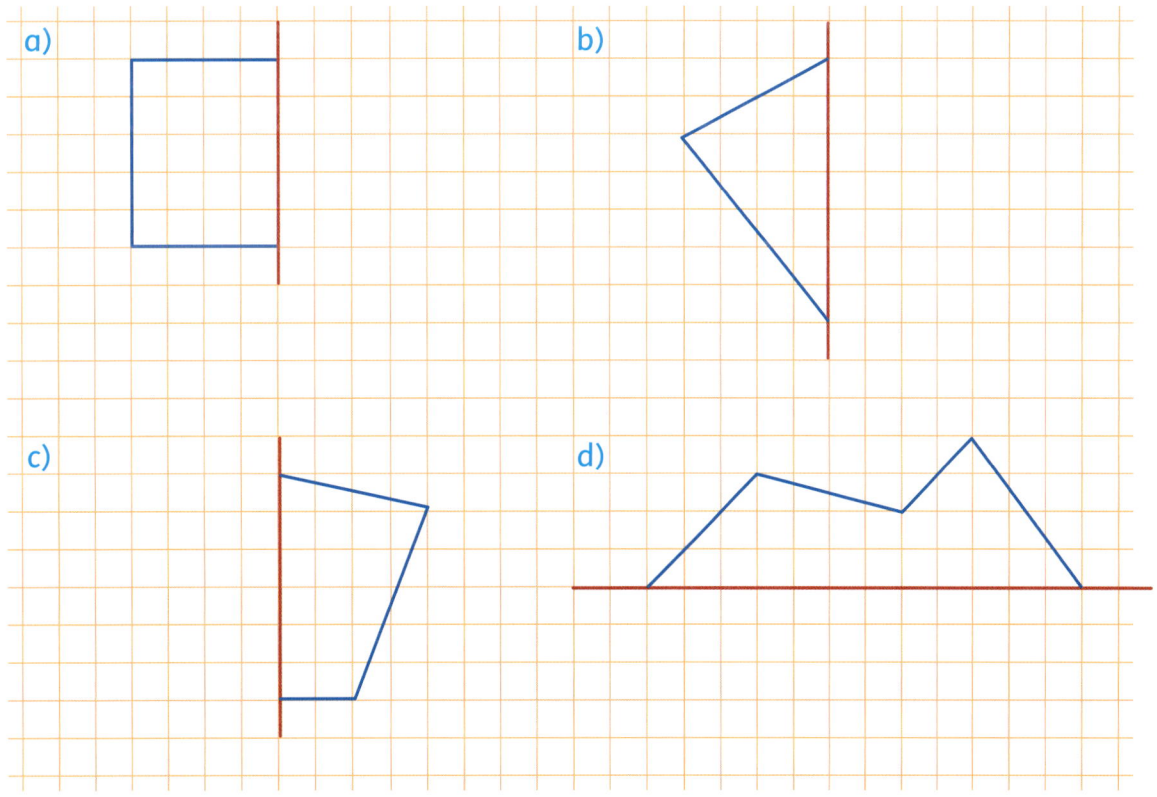

a)

b)

c)

d)

Achsensymmetrische Figuren erkennen

1 Welche Figuren sind achsensymmetrisch? Prüfe mit einem Spiegel.
Zeichne die Symmetrieachse ein.

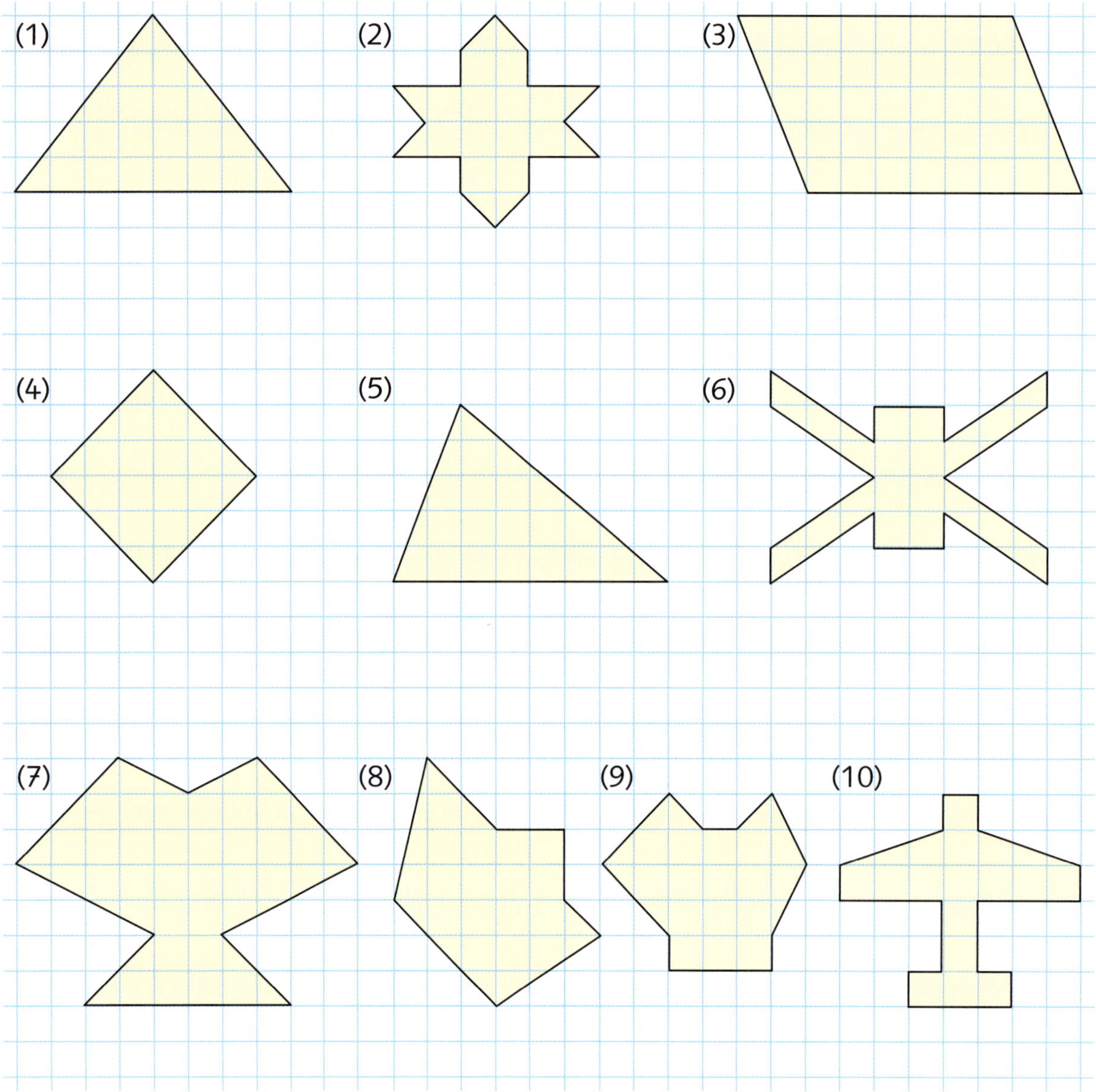

(1)   (2)   (3)

(4)   (5)   (6)

(7)   (8)   (9)   (10)

2 Diese Figuren haben mehrere Spiegelachsen. Wie viele entdeckst du?
Probiere mit einem Spiegel. Zeichne die Symmetrieachsen ein.

a)
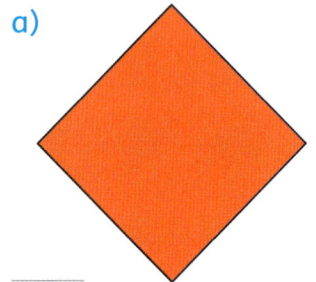
_____

b)
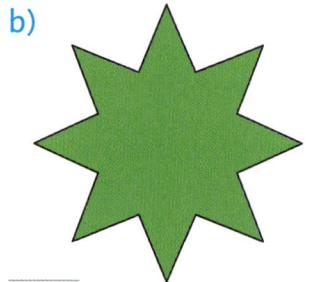
_____

c)
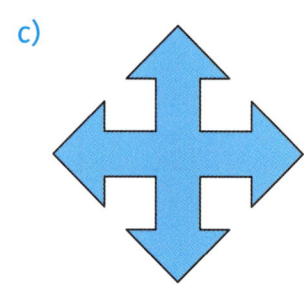
_____

3 Prüfe mit einem Spiegel.

A B E G H K N M O P S Z

a) Welche Buchstaben haben eine Spiegelachse? _____

b) Bei welchen Buchstaben liegt die Spiegelachse waagerecht? _____

c) Welche Buchstaben haben mehr als eine Spiegelachse? _____

d) Zeichne weitere Buchstaben. Prüfe mit einem Spiegel, ob sie achsensymmetrisch sind. Zeichne die Spiegelachse ein.

Achsensymmetrische Figuren zeichnen

1 Zeichne die Spiegelbilder. Überprüfe deine Zeichnungen mit einem Spiegel.

2 Die Spiegelbilder sind Buchstaben und Ziffern. Du kannst sie sicher erkennen.

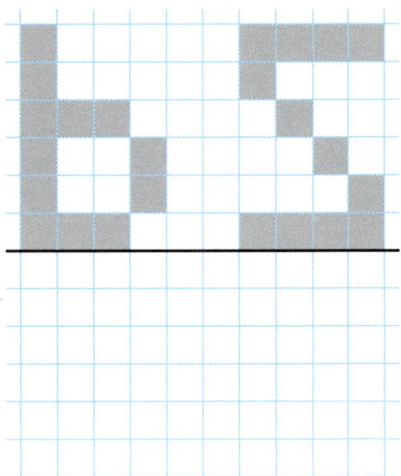 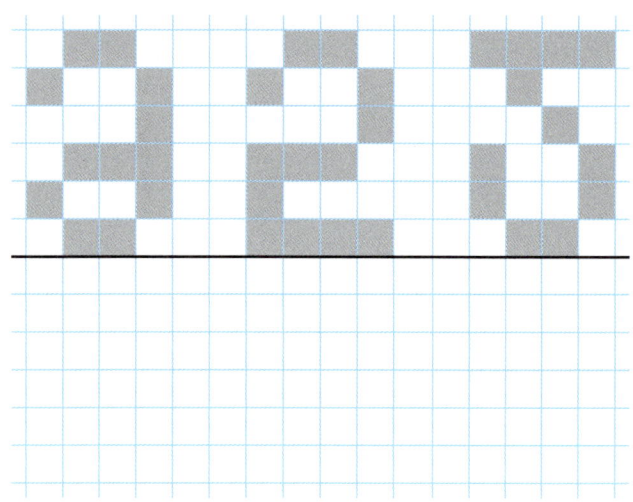

3 Du siehst zwei Spiegelachsen. Spiegele das Muster zuerst oben zur rechten Seite.
Dann kannst du beide Teile nach unten spiegeln.

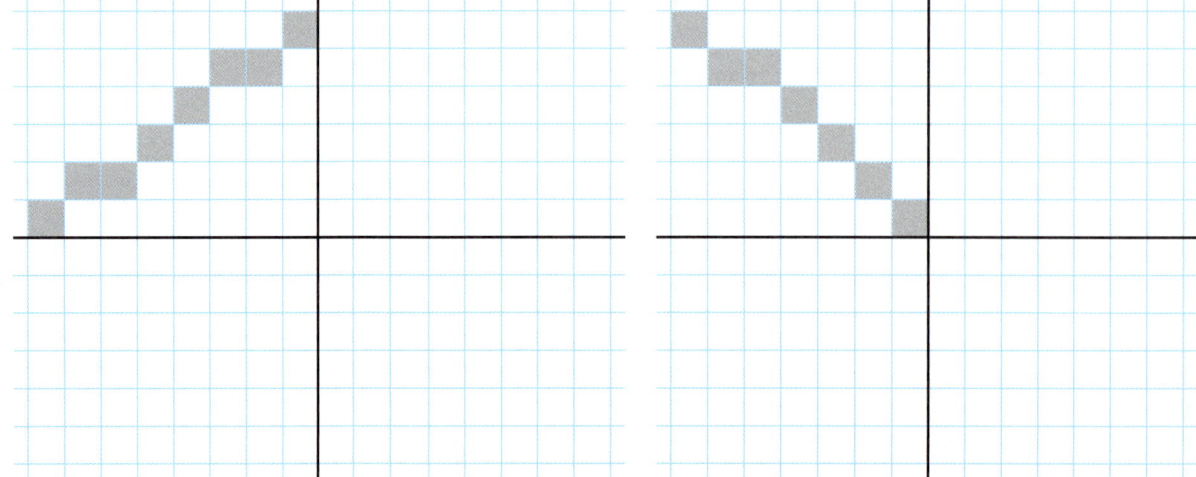

4 Spiegel die Figuren mit dem Geodreieck an der jeweiligen Symmetrieachse.

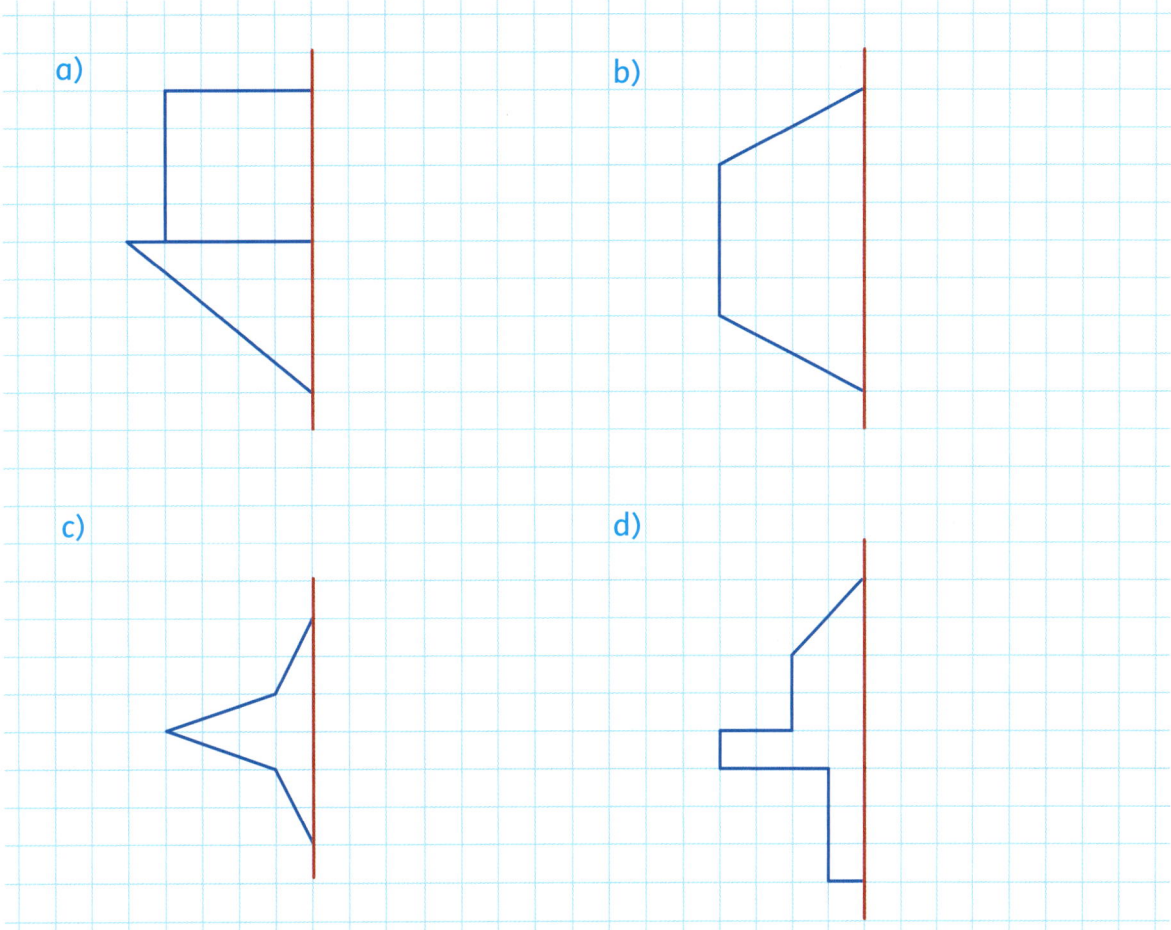

a) b) c) d)

5 Ergänze zu achsensymmetrischen Figuren.

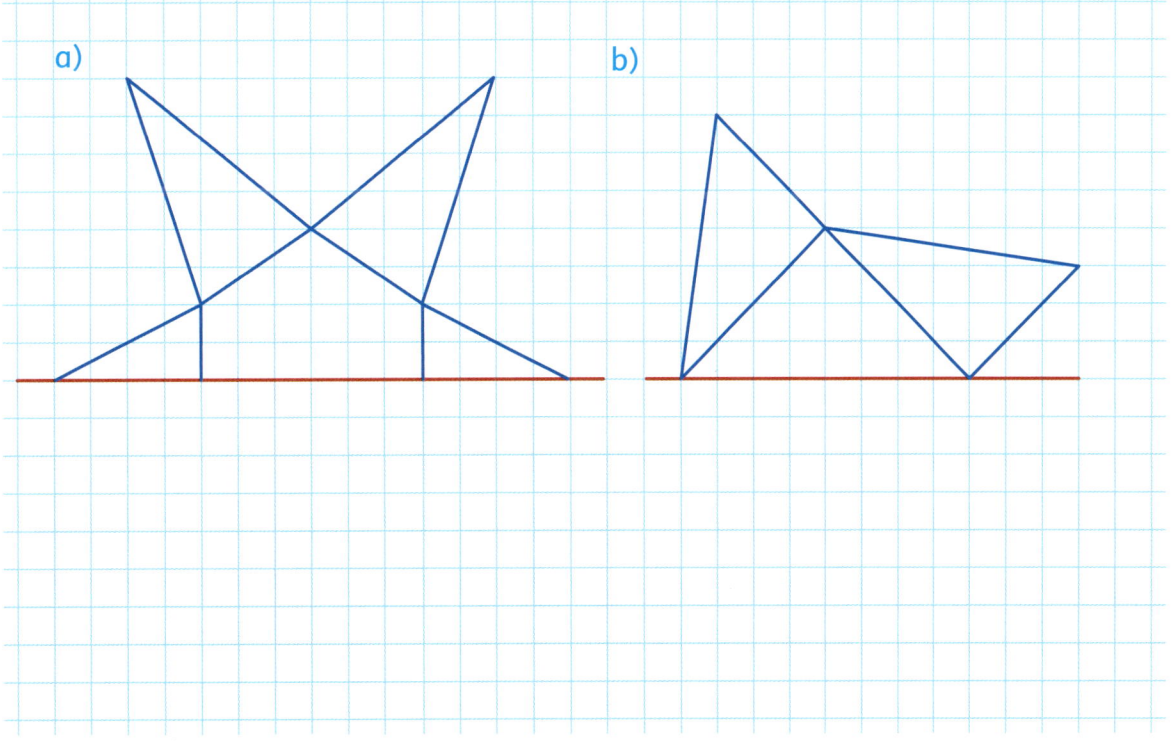

a) b)

6 Spiegele die Figuren und ergänze zu achsensymmetrischen Figuren.
Die rote Linie ist die Spiegelachse. Ein Spiegel kann dir helfen. Male an.

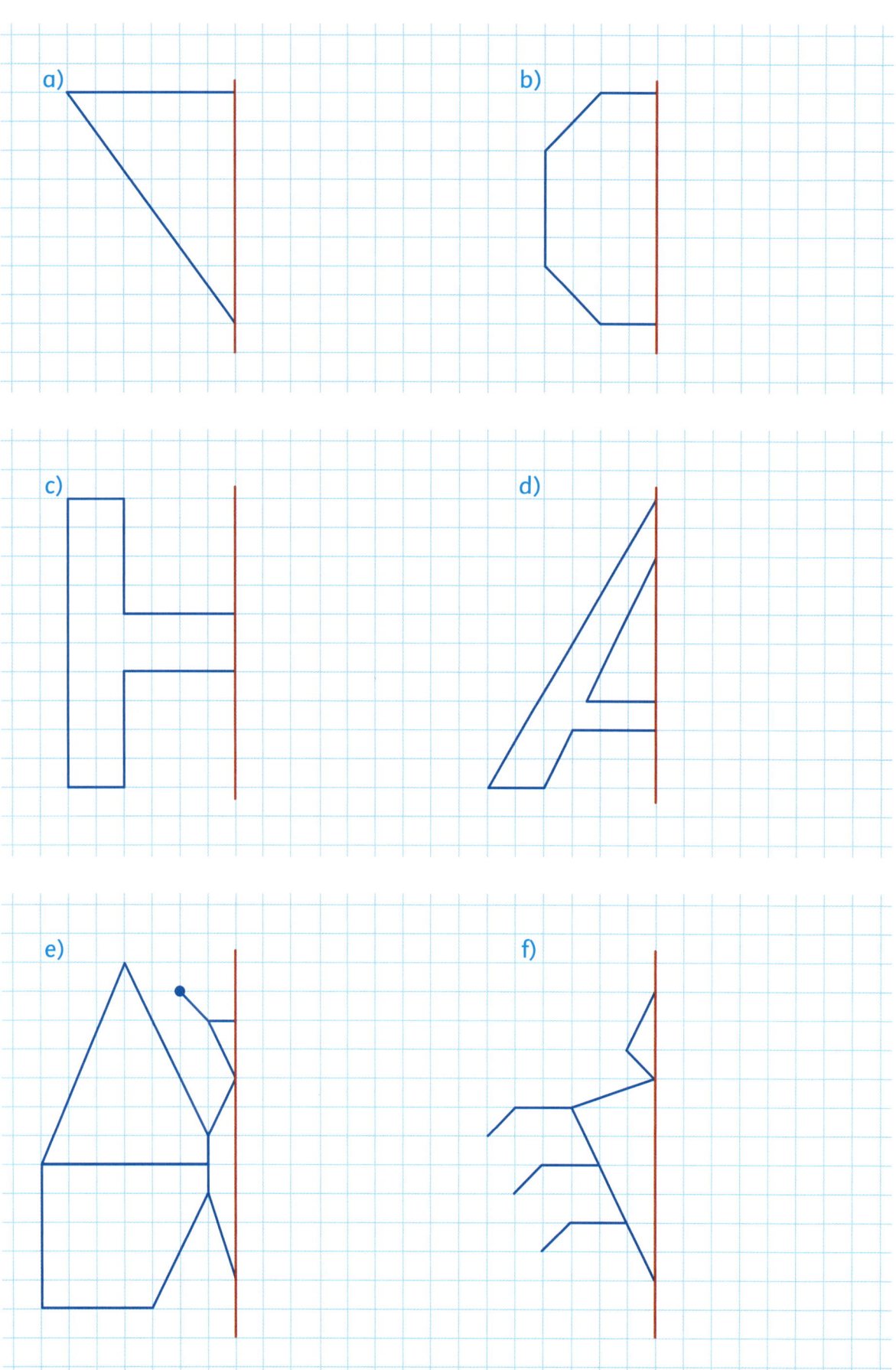

a)

b)

c)

d)

e)

f)

7 Zeichne die Figuren ab und vervollständige sie zu achsensymmetrischen Figuren.

a)

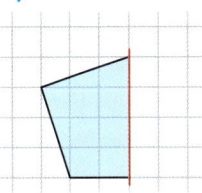
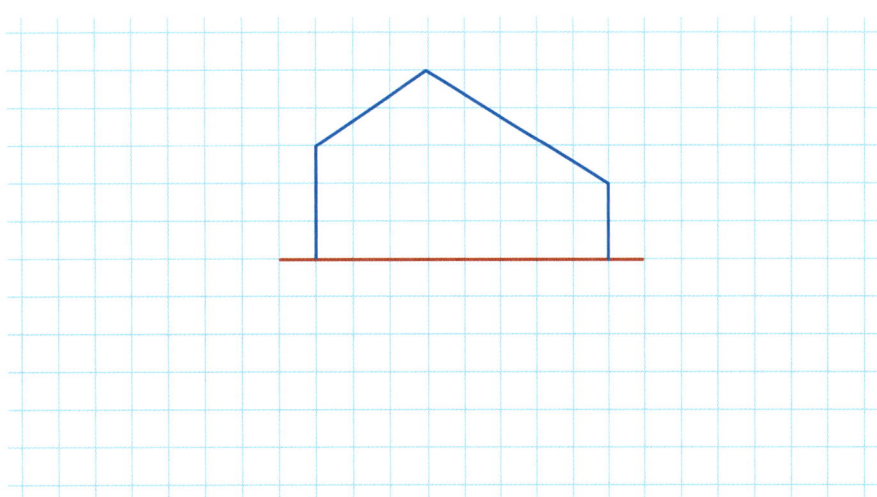

b)

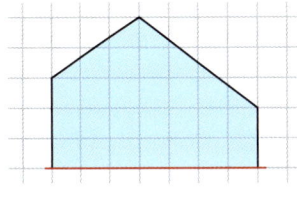
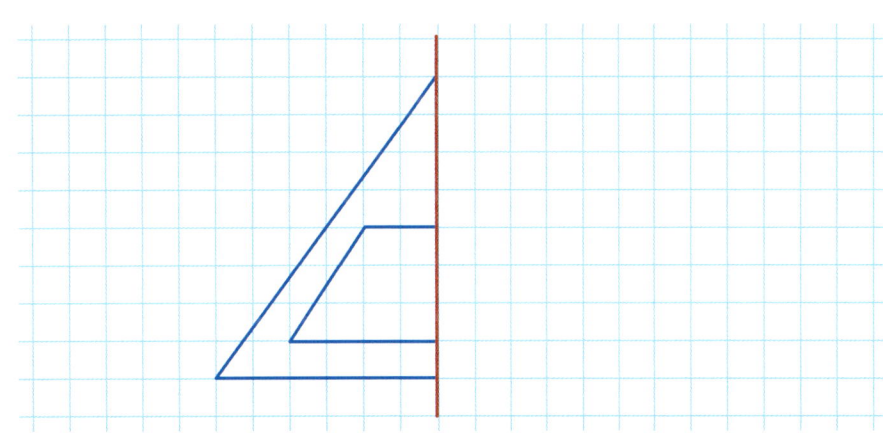

c)

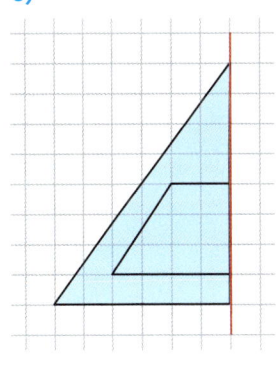

d)

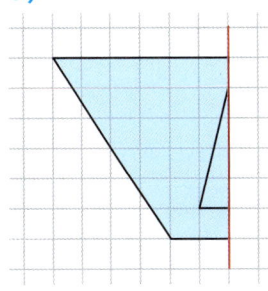
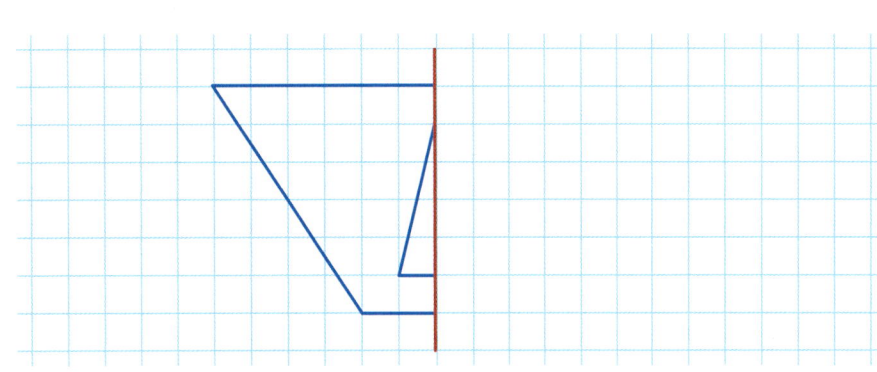

7 Zeichne die Figuren ab und vervollständige sie zu achsensymmetrischen Figuren.

a)

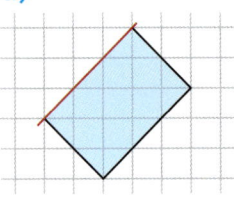

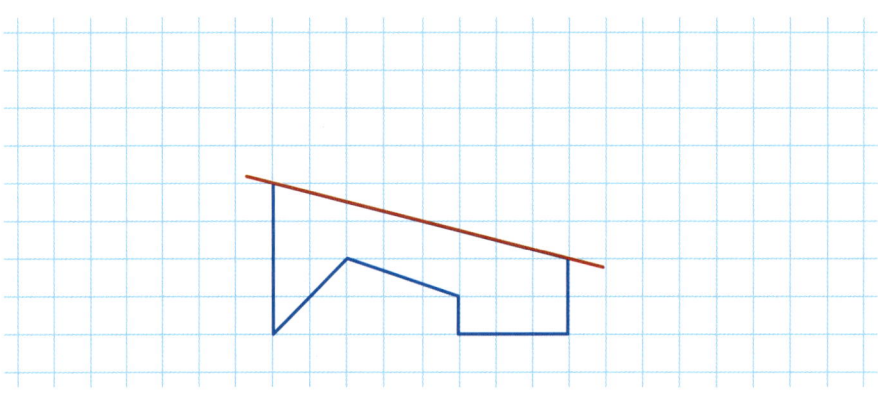

b)

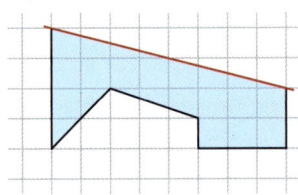

c)

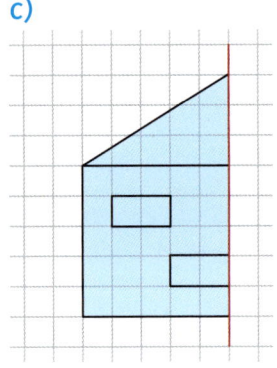

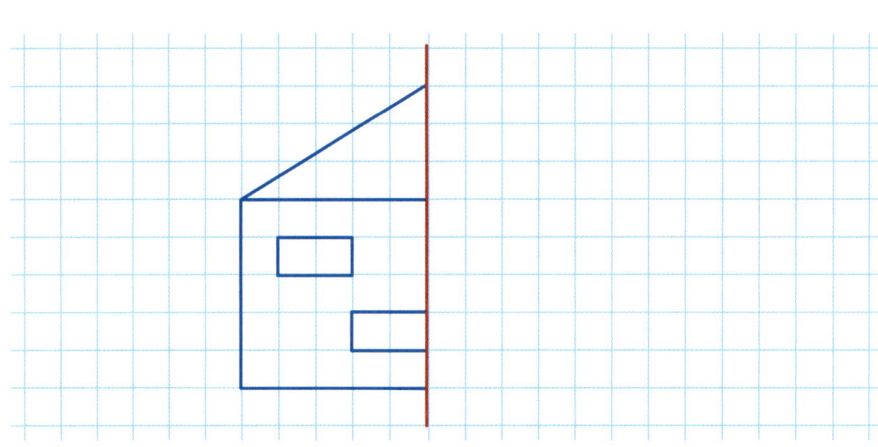

d)

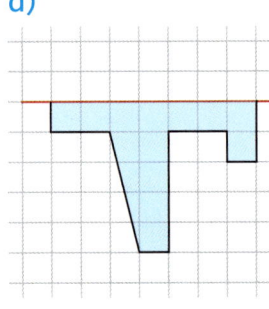

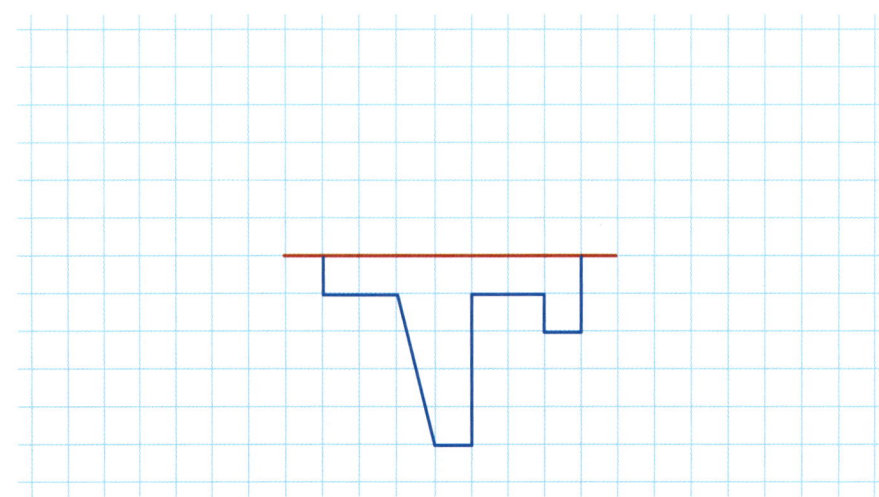

So geht es: Kreise zeichnen

Mit dem Zirkel einen Kreis zeichnen

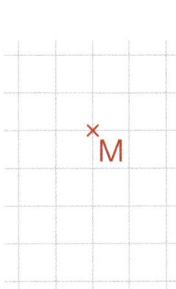 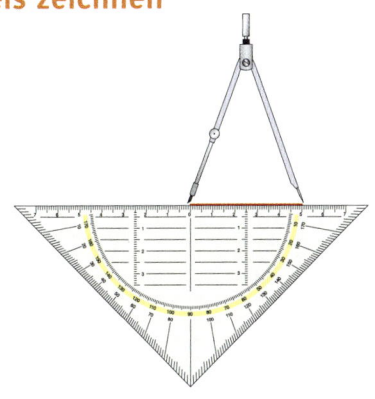 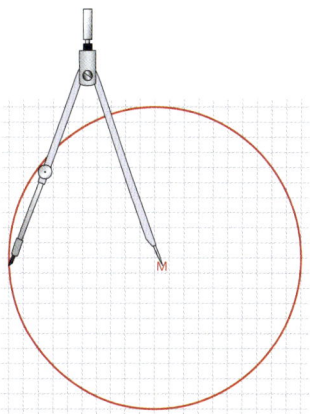

Lege einen
Mittelpunkt fest.

Stelle den Zirkel auf die
gewünschte Größe ein.

Ziehe einen Kreis
um den Mittelpunkt.

1 Zeichne die Kreise auf dieser Seite mit dem Zirkel nach.

Der Radius eines Kreises

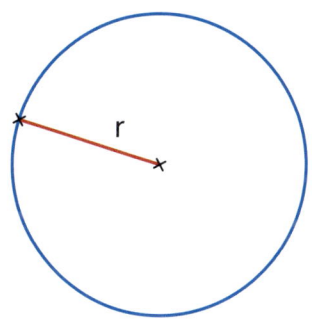

> Der Abstand vom Mittelpunkt zu jedem Punkt
> auf der Kreislinie heißt Radius (r).

2 Miss den Radius. r = _____

Der Durchmesser eines Kreises

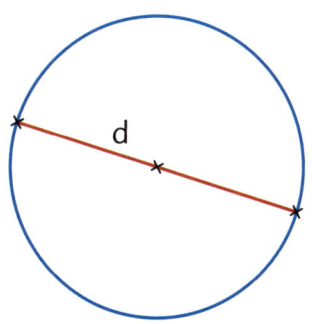

> Eine Strecke von Kreislinie zu Kreislinie,
> die durch den Mittelpunkt verläuft,
> heißt Durchmesser (d).

3 Miss den Durchmesser. d = _____

Der Durchmesser ist _____ so groß wie der Radius.

Kreise untersuchen und zeichnen

1 Der Kreis. Ordne die Begriffe zu.

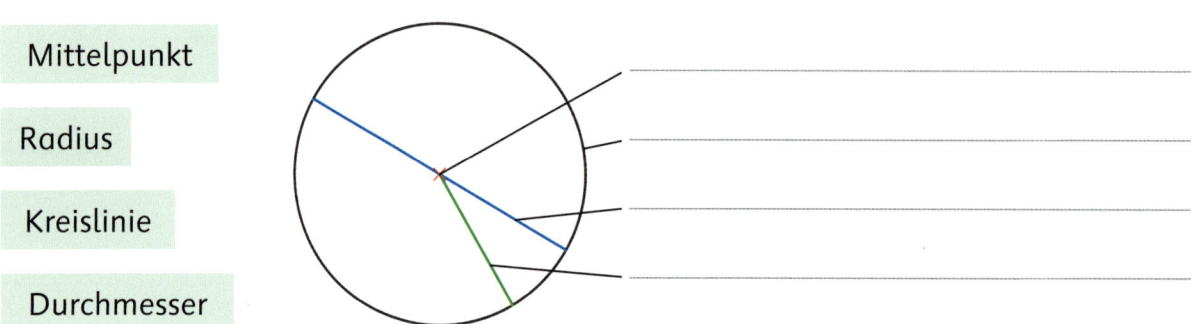

Mittelpunkt

Radius

Kreislinie

Durchmesser

2 Zeichne d und r in die Kreise ein. Miss.

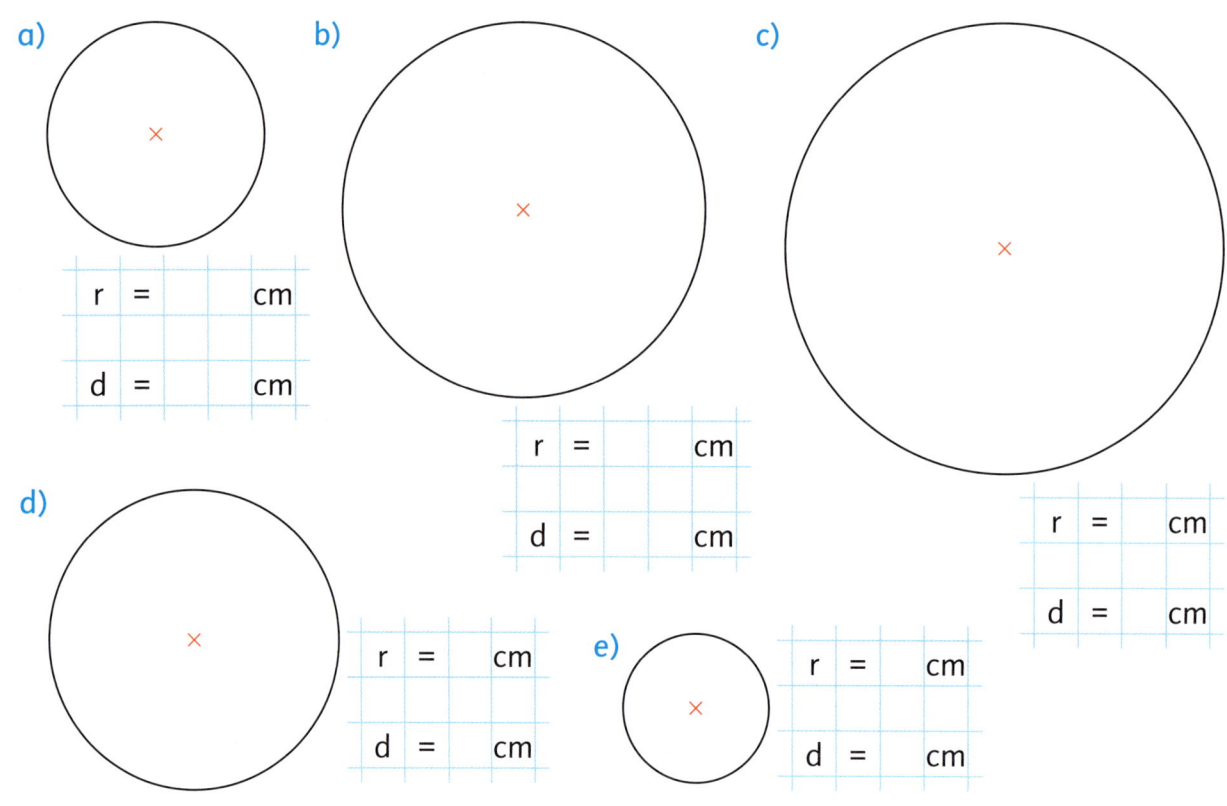

a)

r =   cm

d =   cm

b)

r =   cm

d =   cm

c)

r =   cm

d =   cm

d)

r =   cm

d =   cm

e)

r =   cm

d =   cm

3 Setze das Muster fort. Die Mittelpunkte helfen dir.

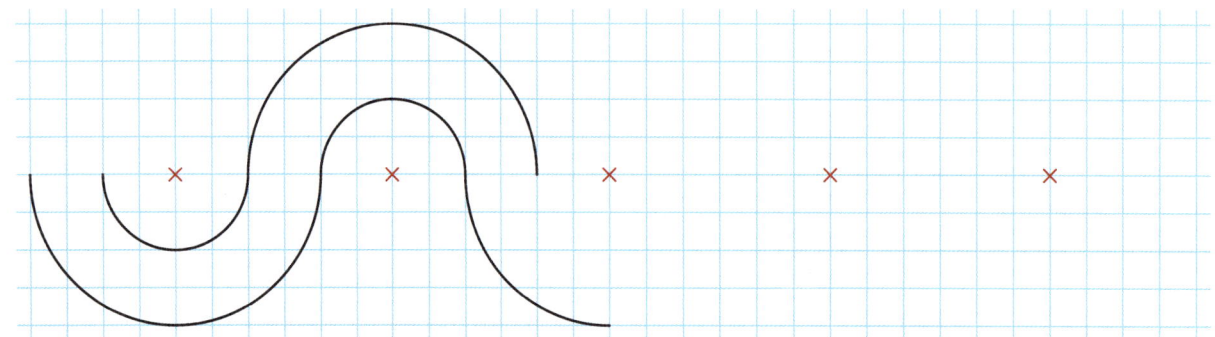

Kreise mit unterschiedlichem Radius zeichnen

1 Zeichne die Kreise. Kennzeichne jeweils den Radius.

a) r = 2 cm   b) r = 5 cm   c) r = 7 cm   d) r = 3,5 cm

Kreise mit unterschiedlichem Durchmesser zeichnen

1 Berechne den Radius. Zeichne die Kreise. Kennzeichne jeweils den Durchmesser.

a) d = 8 cm   b) d = 10 cm   c) d = 5 cm   d) d = 3 cm

r = _____   r = _____   r = _____   r = _____

Kreise im Kreis zeichnen

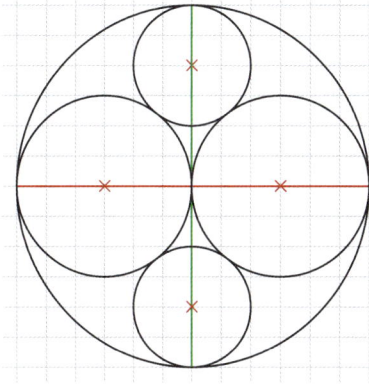

Zeichne einen Kreis mit r = 6 cm.

Zeichne in den Kreis zwei Durchmesser ein, die senkrecht zueinander stehen.

Zeichne auf einem Durchmesser zwei Kreise mit r = 3 cm ein.

Zeichne auf dem anderen Durchmesser zwei Kreise mit r = 2 cm ein. Hier musst du von der Kreislinie aus messen.

2 Zeichne Kreise um den Mittelpunkt. Male aus.

Kreise zeichnen

1 Zeichne Kreise um die angegebenen Mittelpunkte.
Vergrößere den Radius um jeweils 1 cm.

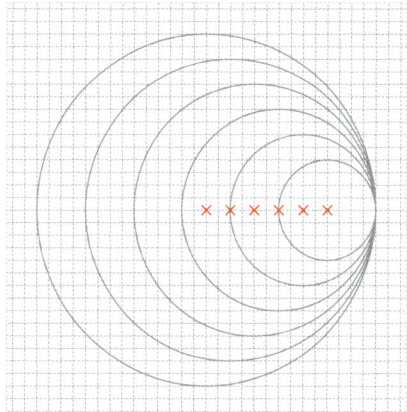

Für Profis:

Versuche, in den Zwischenräumen weitere Kreise zu zeichnen.

2 Markiere dir zwei Mittelpunkte im Abstand von 5 cm. Zeichne um beide Mittelpunkte je einen Kreis mit dem Radius 5 cm. Einer der Schnittpunkte ist dein dritter Kreismittelpunkt.
Zeichne um alle drei Mittelpunkte Kreise, wobei du die Radien um jeweils 1 cm verkleinerst.

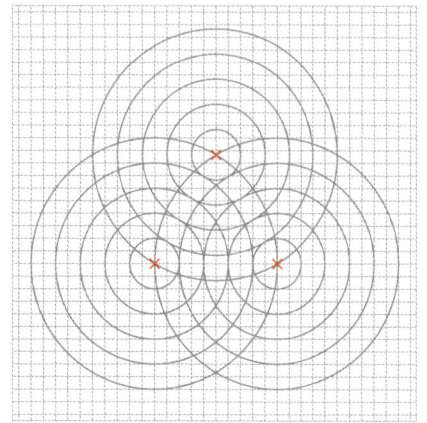

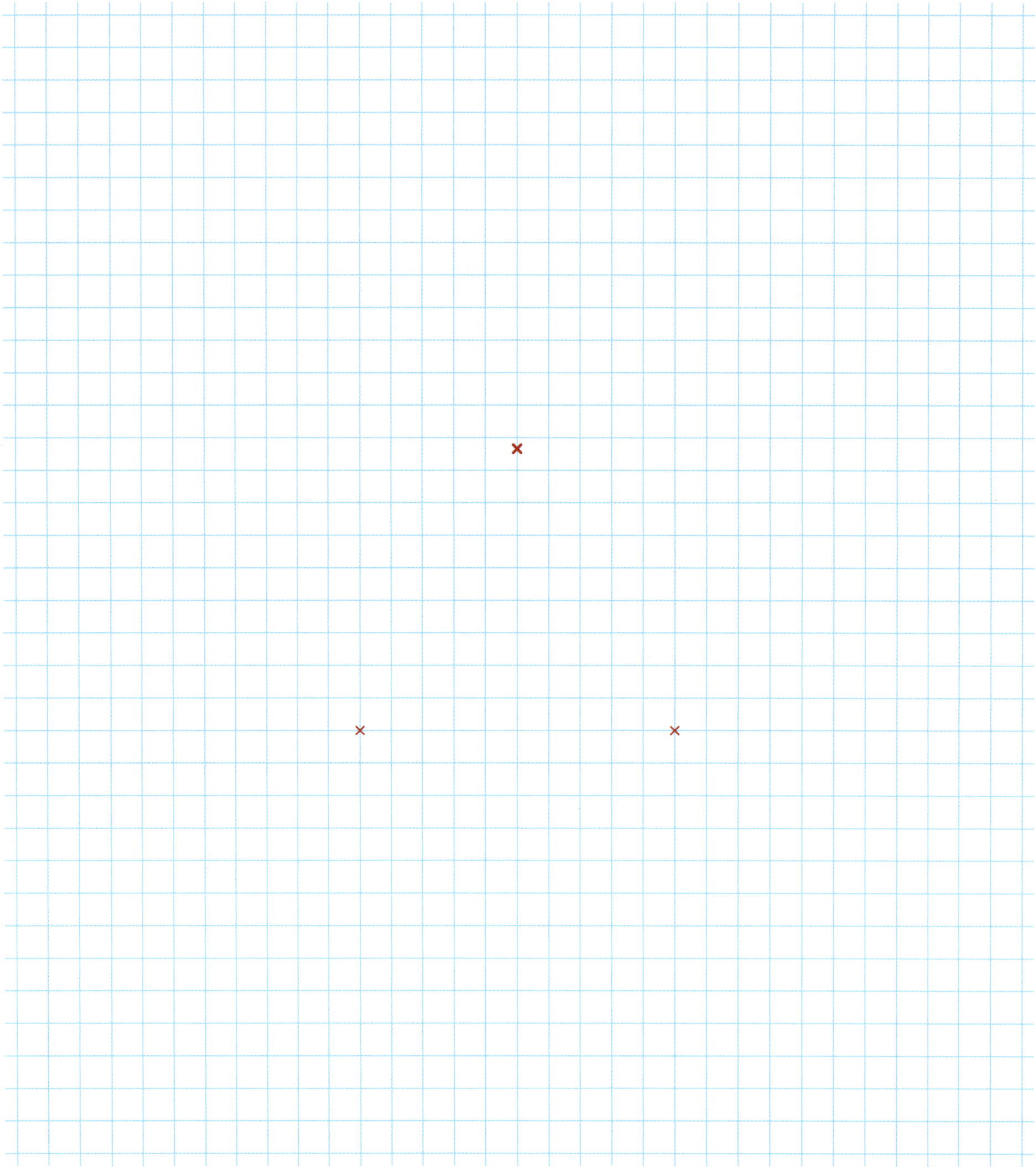

×

×   ×

3 Zeichne dir die Gitterlinien mit einem Abstand
von 3 cm ein. Markiere dir die Mittelpunkte.
Zeichne Kreise um die Mittelpunkte. Male an.

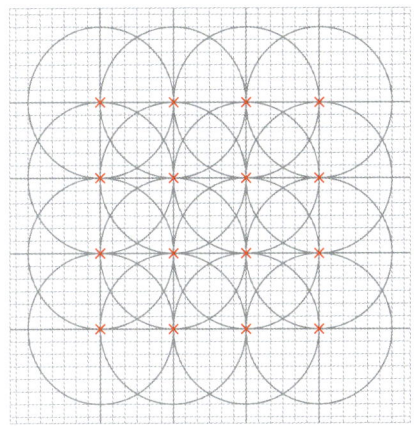

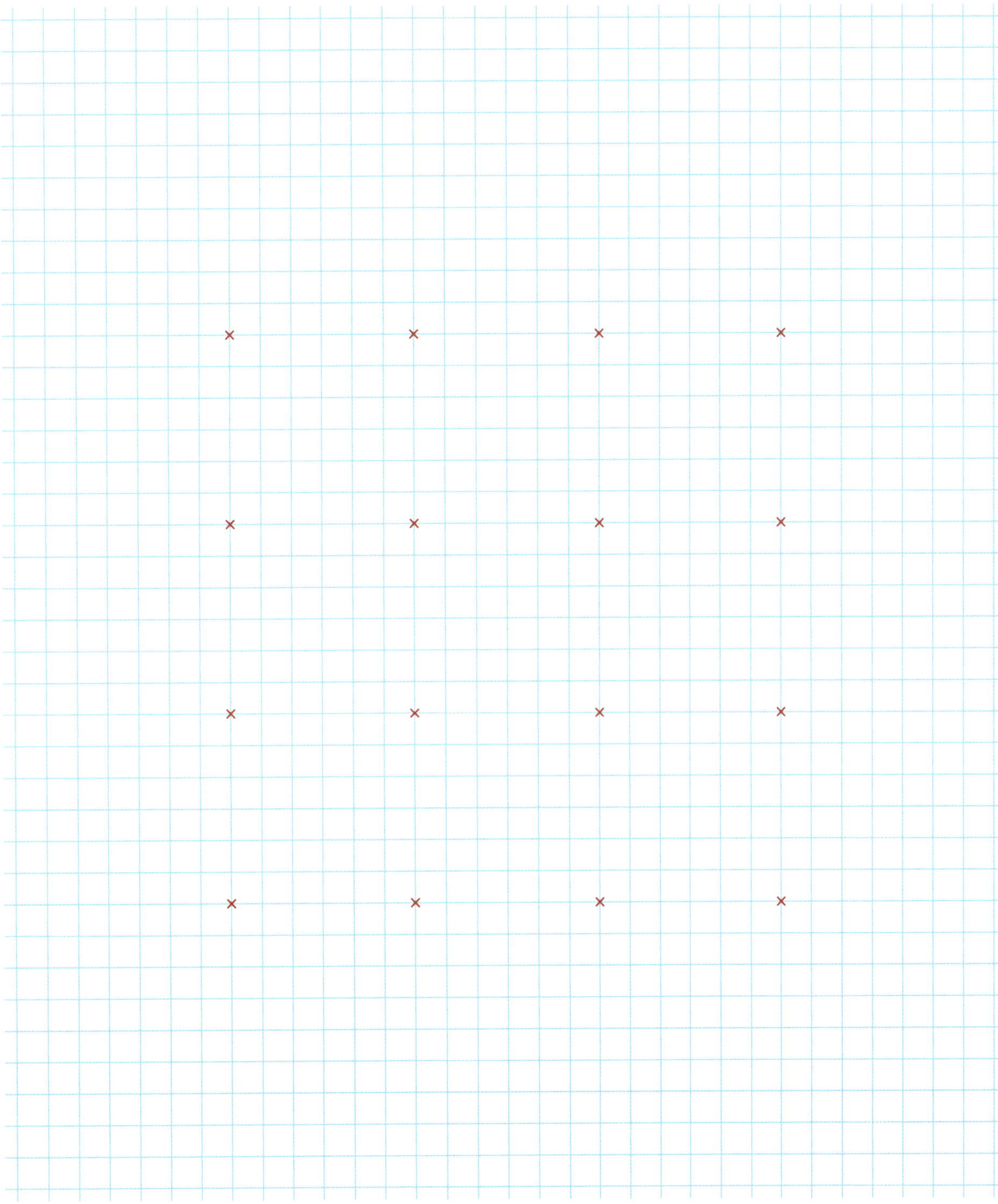

Kreismuster zeichnen

Gehe genau so vor, wie du es auf den kleinen Bildern links siehst.

Nimm diesen Abstand in den Zirkel: ├───────────────┤

1

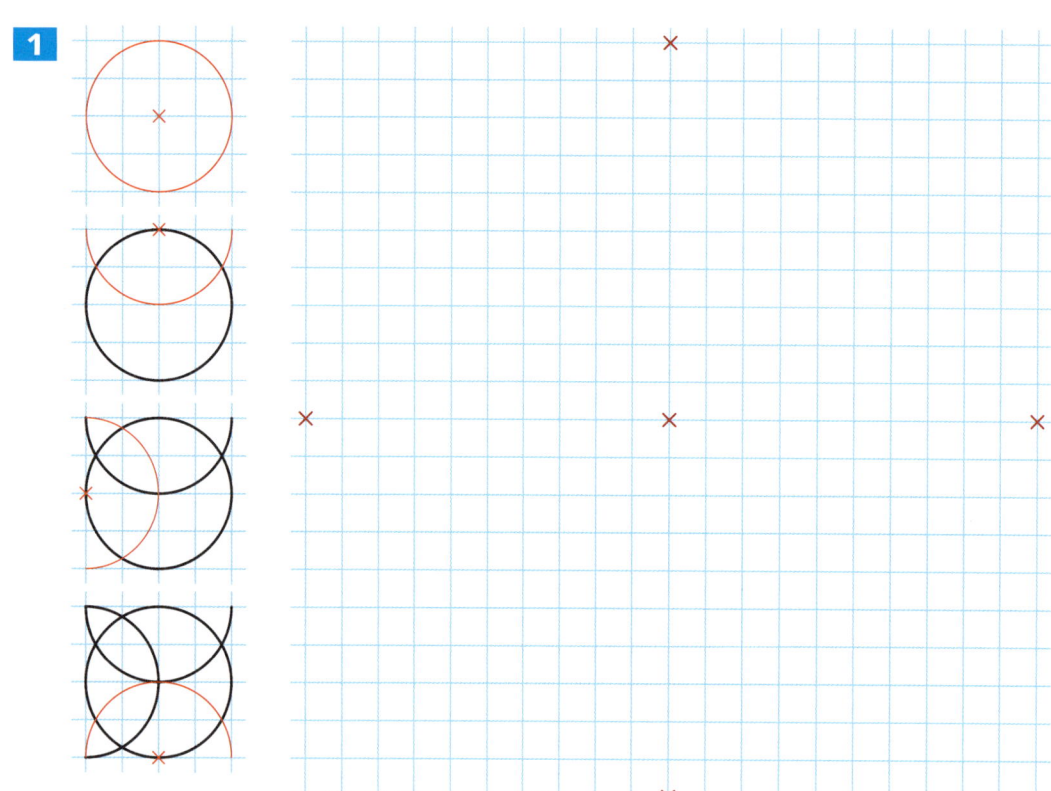

2

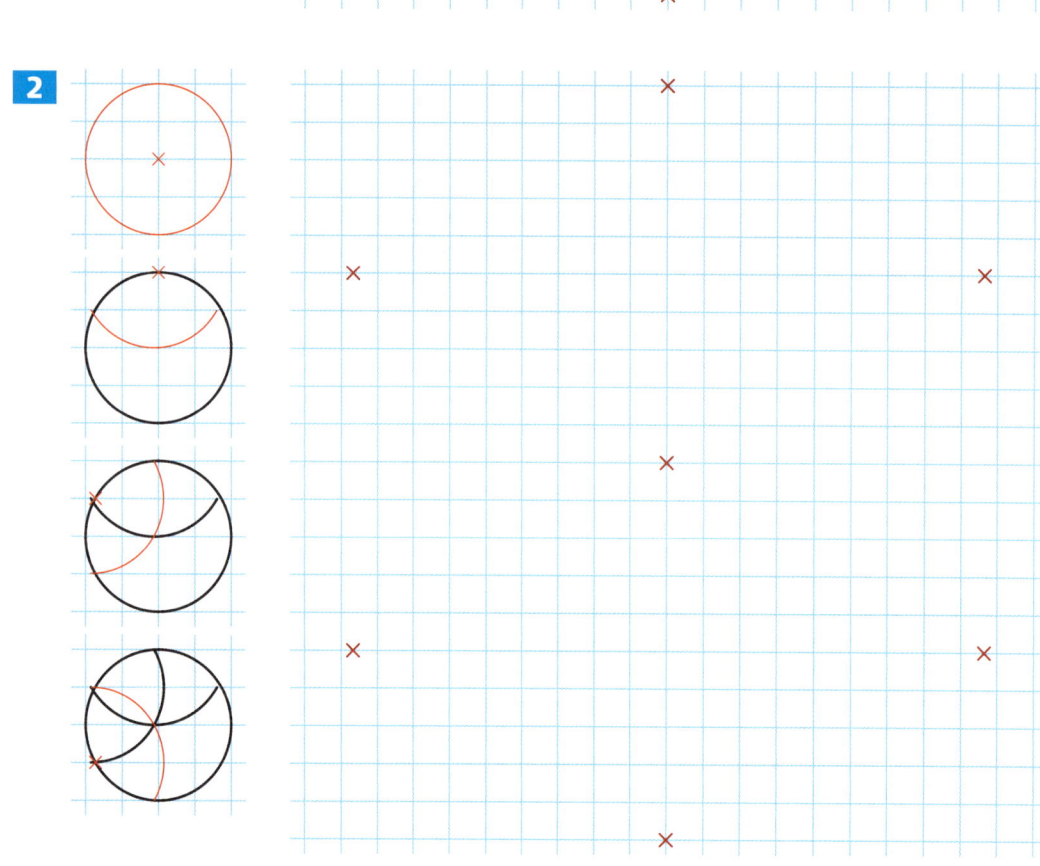

3 Zeichne das Muster nach. Stelle den Zirkel auf
3 cm ein. Die weiteren Mittelpunkte ergeben sich
aus den Schnittpunkten am ersten Kreis.

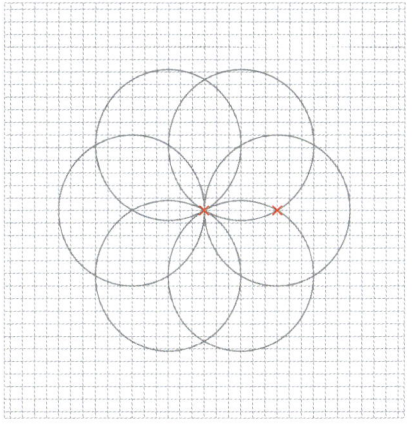

Das kann ich schon

1 Welche Symbole haben eine Spiegelachse? Zeichne sie ein.

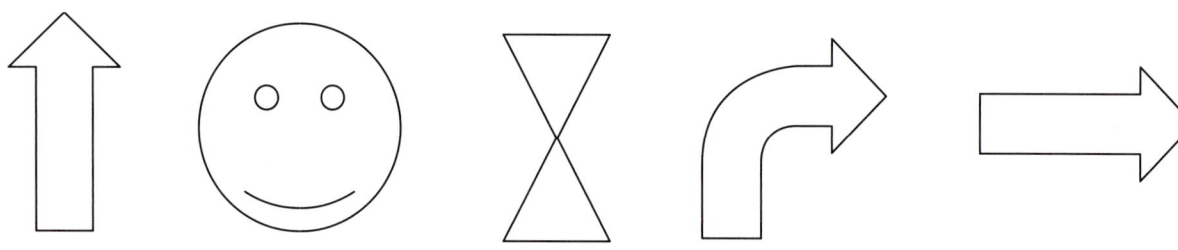

😊😐☹️

2 Zeichne die achsensymmetrischen Figuren fertig.

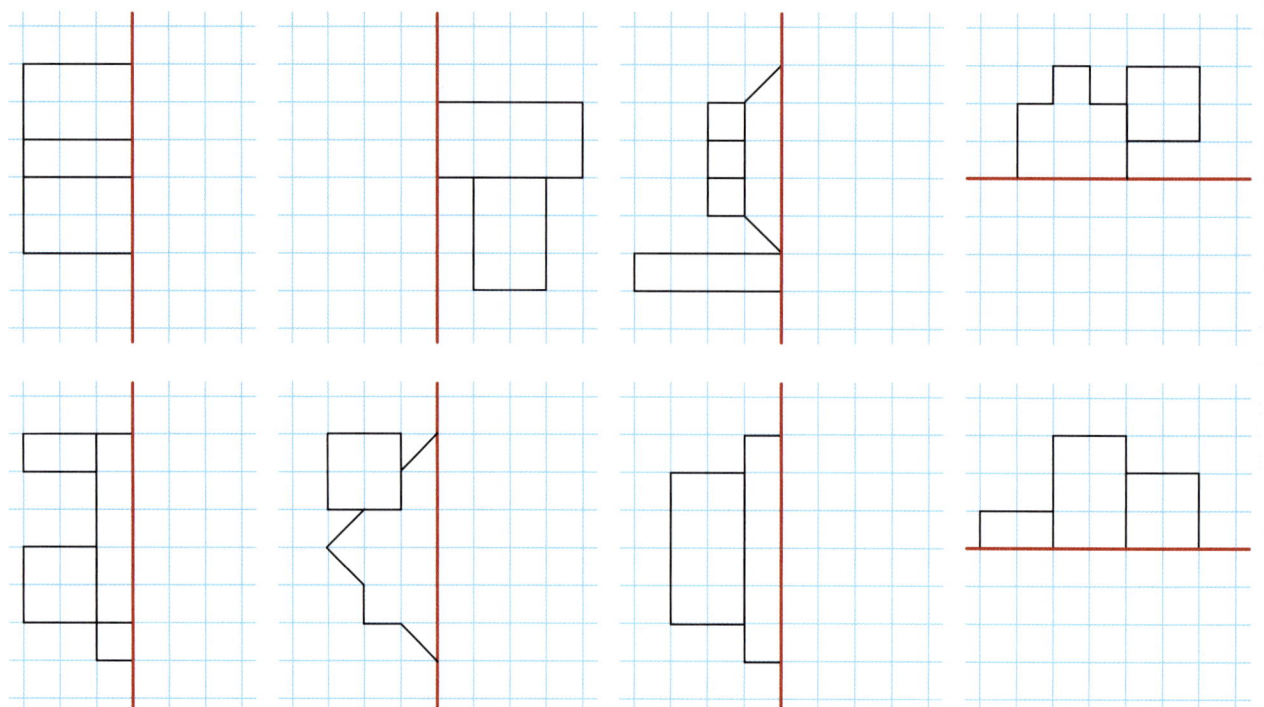

😊😐☹️

3 Zeichne das Muster mit dem Zirkel nach.

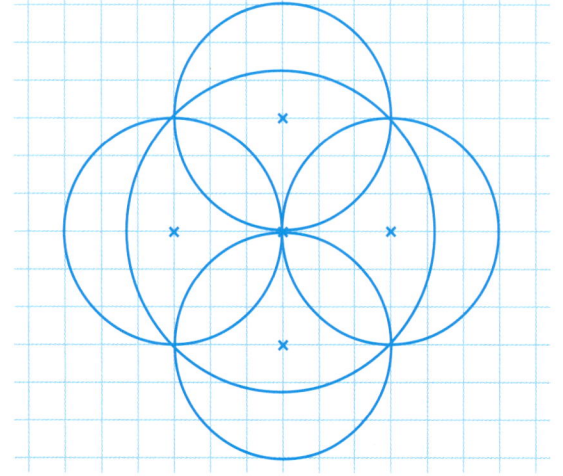 

😊😐☹️